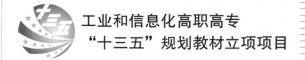

工业和信息化高职高专
"十三五"规划教材立项项目

高等职业院校
机电类"十三五"规划教材

电气控制
与 PLC 应用

（第3版）

U0191462

Electrical Control
and PLC Application (3rd Edition)

◎ 张伟林　王开　吴清荣　主编
◎ 王金花　陈振伟　张佑春　副主编

人民邮电出版社
北　京

精品系列

图书在版编目（CIP）数据

电气控制与PLC应用 / 张伟林，王开，吴清荣主编
. -- 3版. -- 北京：人民邮电出版社，2016.8
高等职业院校机电类"十三五"规划教材
ISBN 978-7-115-42513-3

Ⅰ. ①电… Ⅱ. ①张… ②王… ③吴… Ⅲ. ①电气控
制—高等职业教育—教材②plc技术—高等职业教育—教
材 Ⅳ. ①TM571.2②TM571.6

中国版本图书馆CIP数据核字(2016)第112957号

内 容 提 要

本书内容包括电气控制线路、三菱 PLC、变频器与触摸屏的使用。全书共分 8 个课题，分别是：电动机与基本电气控制线路、PLC 基本指令的应用、PLC 步进指令的应用、PLC 功能指令的应用、PLC 通信、PLC 模拟量扩展模块的使用、变频器的使用、触摸屏的使用。

本书可作为高职高专，高级技校，技师学院机电类、电气类专业的教材，也可供从事机电类工作的工程技术人员参考使用。

◆ 主　　编　张伟林　王　开　吴清荣
　　副 主 编　王金花　陈振伟　张佑春
　　责任编辑　刘盛平
　　执行编辑　王丽美
　　责任印制　焦志炜
◆ 人民邮电出版社出版发行　北京市丰台区成寿寺路 11 号
　　邮编　100164　电子邮件　315@ptpress.com.cn
　　网址　http://www.ptpress.com.cn
　　北京天宇星印刷厂印刷
◆ 开本：787×1092　1/16
　　印张：14　　　　　　　　2016 年 8 月第 3 版
　　字数：359 千字　　　　　2024 年 7 月北京第 14 次印刷

定价：35.00 元
读者服务热线：(010)81055256　印装质量热线：(010)81055316
反盗版热线：(010)81055315

电气控制与 PLC 应用是电气工程及自动化控制系统技术人员必须具备的技能，也是高职电类专业重要的专业基础课程。本书以掌握现代工业设备电气控制系统为学习目标，详细介绍电动机与电气控制技术，PLC、变频器及触摸屏应用技术。

本书第 1、2 版出版后，受到广大师生的欢迎。我们在听取众多使用本教材师生宝贵意见和建议的基础上，对本书第 3 版继续做了相应的修订。

（1）为适应职业技术院校任务驱动法教学需要，本书第 2、3 版以课题—任务的形式编写。可以概括为：以任务为主线，以相关知识和技能为支撑，以教师为主导，以学生为主体，培养学生完成任务的能力。

（2）为了适应电气控制系统的发展，第 2、3 版增加了 PLC 通信、模拟量处理和触摸屏应用等教学内容。这些内容标注有"*"号，供任课教师根据专业需要进行选用。

（3）修改本书第 2 版中存在的一些问题，重新绘制更加简捷、便于在实训操作中连接线路的电路原理图；优化了部分任务的控制程序。

本书以完成一个电气基本控制任务为导向，将现代工业设备电气控制系统分解为 8 大课题、46 个任务。每个任务由任务引入、相关知识、任务实施、知识扩展和练习题 5 部分组成。在任务引入部分，给出本次任务的控制目标和条件；在相关知识部分，介绍与本次任务关联的内容；在任务实施部分，采用实训模式，内容包括电路组装、输入程序和检测控制功能；在知识扩展部分，简单地介绍与本次任务交织的内容，以拓宽读者的视野；在练习题部分，精心筛选了一定数量的习题，供读者巩固学习效果。

本书相关的课件和练习题答案可在人邮教育社区（www.ryjiaoyu.com）下载。

本书参考学时为 84～108，采用理论与实训相结合的教学模式。建议配备必要的实习设备，各课题的参考学时见下面的学时分配表。

学时分配表

课　题	课程内容	学　时
课题一	电动机与基本电气控制线路	14～18
课题二	PLC 基本指令的应用	16～18
课题三	PLC 步进指令的应用	6～8
课题四	PLC 功能指令的应用	20～24
*课题五	PLC 通信	6～8
*课题六	PLC 模拟量扩展模块的使用	6～8
*课题七	变频器的使用	10～14
*课题八	触摸屏的使用	6～10
	学时总计	84～108

本书由河南工业技师学院张伟林、茂名职业技术学院王开、河南工业技师学院吴清荣任

主编，山东水利技师学院王金花、安徽矿业职业技术学院陈振伟、安徽工商职业学院张佑春任副主编。

由于编者水平所限，书中难免存在错误与不足之处，诚恳希望读者批评指正，以便在适当时候修订完善。编者邮箱：38046274@qq.com。

编 者

2016 年 5 月

目 录

| 任务一　认识三相交流异步电动机 |

任务引入

工业生产中的大多数机械设备都是通过电动机进行拖动的，要使电动机按照生产工艺的要求运转，必须具备相应的电气控制线路。在组装电气控制线路之前，要从以下几个方面认识三相交流异步电动机：

（1）三相交流异步电动机的结构；

（2）三相交流异步电动机的转动原理；

（3）三相交流异步电动机的额定值；

（4）如何检查三相交流异步电动机。

相关知识

一、三相交流异步电动机的结构

三相交流异步电动机的构件分解如图 1.1 所示。三相交流异步电动机主要由定子（固定部分）和转子（旋转部分）两大部分构成。

1. 定子

定子由机座、定子铁心和三相定子绕组等组成。机座通常采用铸铁或钢板制成，起到固定定子铁心、利用两个端盖支撑转子、保护电动机的电磁部分及散热的作用。定子铁心由 0.35～0.5mm 厚的硅钢片叠压而成，片与片之间涂有绝缘漆以减少涡流损耗，定子铁心构成电动机的磁路部分。硅钢片内圆上冲有均匀分布的槽，用于对称放置三相定子绕组。机座与定子铁心如图 1.2 所示。

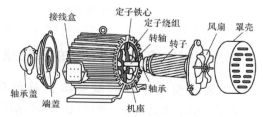

图 1.1　三相交流异步电动机构件分解图

　　三相定子绕组通常采用高强度的漆包线绕制而成，U 相、V 相和 W 相引出的 6 根出线端接在电动机外壳的接线盒里，其中 U1、V1、W1 为三相绕组的首端，U2、V2、W2 为三相绕组的末端。三相定子绕组根据电源电压和绕组的额定电压连接成丫形（星形）或△形（三角形），三相绕组的首端接三相交流电源，如图 1.3 所示。

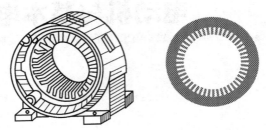

图 1.2　三相交流异步电动机的机座与定子铁心

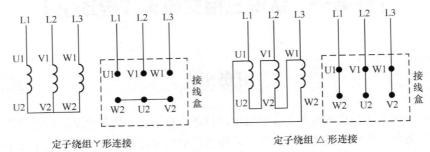

定子绕组丫形连接　　　　　　　　　　定子绕组 △ 形连接

图 1.3　三相交流异步电动机定子绕组的连接方式

2．转子

　　三相交流异步电动机的转子由转轴、转子铁心和转子绕组等组成。转轴用来支撑转子旋转，保证定子与转子间均匀的空气隙。转子铁心也是由硅钢片叠成，硅钢片的外圆上冲有均匀分布的槽，用来嵌入转子绕组。转子铁心与定子铁心构成闭合磁路。转子绕组由铜条或熔铝浇铸而成，形似鼠笼，故称为鼠笼型转子，如图 1.4 所示。

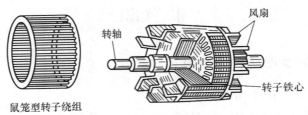

鼠笼型转子绕组

图 1.4　三相交流异步电动机的转子

二、三相交流异步电动机的转动原理

1．鼠笼型转子跟随旋转磁铁转动的实验

　　为了说明三相交流异步电动机的转动原理，先来做一个图 1.5 所示的实验。在实验中，鼠笼型转子与手动旋转磁铁始终同向旋转。这是因为，当磁铁旋转时，转子导体做切割磁力线的相对运动，在转子导体中产生感生电动势和感生电流。感生电流的方向可用右手定则判别。通有感生电流的转子导体受到电磁力的作用，电磁力 F 的方向可用左手定则判别。于是，转子在电磁力产生的电磁转矩作用下与磁铁同方向旋转。

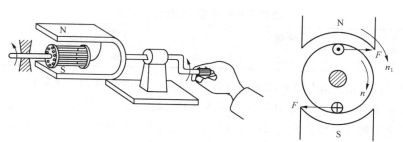

图 1.5 鼠笼型转子跟随旋转磁铁转动的实验

2．旋转磁场的产生

当三相定子绕组接入三相交流电源后，绕组内便通入三相对称交流电流 i_u、i_v、i_w，三相交流电流在转子空间产生的磁场如图 1.6 所示。

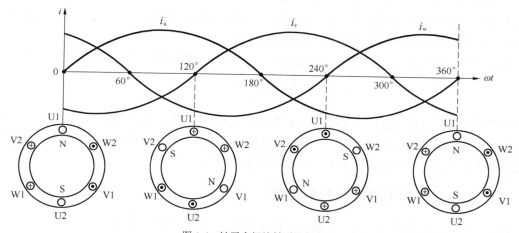

图 1.6 转子空间旋转磁场的变化

由图 1.6 可以看出，三相绕组在空间位置上互差 120°，三相交流电流在转子空间产生的旋转磁场具有一对磁极（N 极、S 极各一个）。当电流从 $\omega t = 0$° 变化到 $\omega t = 120$° 时，磁场在空间旋转了 120°。即三相交流电流产生的合成磁场随电流变化在转子空间不断地旋转，这就是旋转磁场的产生原理。

三相交流电流变化一个周期，两极（一对磁极）旋转磁场旋转 360°，即正好旋转一圈。若电源频率 f_1=50Hz，则旋转磁场的转速 $n_1 = 60 f_1 = 60 \times 50 = 3000$r/min。当旋转磁场具有 4 极（即两对磁极）时，其转速仅为一对磁极时的一半，即 $n_1 = 60 f_1/2 = 60 \times 50/2 = 1500$r/min。所以，旋转磁场的转速与电源频率和旋转磁场的磁极对数有关。当旋转磁场具有 P 对磁极时，旋转磁场的转速为

$$n_1 = \frac{60 f_1}{P}$$

式中：n_1 —— 旋转磁场的转速（r/min）；

　　　f_1 —— 交流电源的频率（Hz）；

　　　P —— 电动机定子绕组的磁极对数。

设电源频率为 50Hz，则电动机磁极个数与旋转磁场的转速关系见表 1.1。

表 1.1   磁极个数与旋转磁场转速的关系

磁极/个	2 极	4 极	6 极	8 极	10 极	12 极
n_1/（r/min）	3000	1500	1000	750	600	500

电动机转子的转动方向与旋转磁场的旋转方向相同，如果需要改变电动机转子的转动方向，必须改变旋转磁场的旋转方向。旋转磁场的旋转方向与通入定子绕组的三相交流电流的相序有关。因此，将定子绕组接入三相交流电源的导线任意对调两根，则旋转磁场改变转向，电动机转子也随之换向。

3．三相交流异步电动机的转动原理和转差率

当电动机的三相定子绕组通入三相交流电流时，便在转子空间产生旋转磁场，由图 1.5 所示实验结果可知，转子将在电磁转矩作用下与旋转磁场同向转动。但转子的转速不可能与旋转磁场的转速相等，因为如果两者相等，则转子与旋转磁场之间便没有相对运动，转子导体不切割磁力线，不能产生感生电动势和感生电流，转子就不会受到电磁力矩的作用。所以，转子的转速要始终小于旋转磁场的转速。这就是异步电动机名称的由来。

通常将旋转磁场的转速 n_1 和转子转速 n 的差与旋转磁场的转速 n_1 之比称为转差率，即

$$S = \frac{n_1 - n}{n_1}$$

转差率是分析三相交流异步电动机工作特性的重要参数。电动机启动瞬间，$S = 1$，转差率最大，启动过程中随着转子转速升高，转差率越来越小。由于三相交流异步电动机的额定转速与旋转磁场的转速接近，所以额定转差率很小，通常为 1%～7%。

三、三相交流异步电动机的额定值

电动机的额定值是使用和维护电动机的重要依据，电动机应该在额定状态下工作。

（1）额定功率（kW）。额定功率指电动机在额定运行状态下，转轴上输出的机械功率。

（2）额定电压（V）。额定电压指电动机在正常运行时，定子绕组规定使用的线电压。常用的中小功率电动机额定电压为 380V。电源电压值的波动一般不应超过额定电压的 5%。

（3）额定电流（A）。额定电流指电动机在输出额定功率时，定子绕组允许通过的线电流。由于电动机启动时转速很低，转子与旋转磁场的相对速度差很大，因此，转子绕组中感生电流很大，引起定子绕组中电流也很大。电动机的启动电流为额定电流的 4～7 倍，通常电动机的启动时间很短（几秒），因此尽管启动电流很大，也不会烧坏电动机。

（4）额定频率（Hz）。额定频率指电动机在额定条件运行时的电源频率。我国交流电的频率为 50Hz，在调速时则可通过变频器改变电源频率。

（5）额定转速（r/min）。额定转速指电动机在额定电压、额定频率及输出额定功率时的转速。

（6）接法。接法指三相定子绕组的连接方式。当额定电压为 380V 时，小功率（3kW 以下）电动机多为丫形连接，中、大功率电动机为△形连接。

四、三相交流异步电动机的日常检查与测试项目

（1）机械方面的检查。电动机的安装基础应牢固，以免电动机运行时产生振动。用手转动转

轴，能平稳地旋转，不应出现异常摩擦声和机械撞击声。

（2）接线可靠。接线端子处无打火痕迹，机壳采取接地或接零保护。

（3）定子绕组直流电阻的测试。用万用表电阻挡测试三相定子绕组的直流电阻，各相绕组的阻值应均匀相等，正常阻值为几欧姆至十几欧姆。

（4）定子绕组绝缘电阻的测试。用 500V 兆欧表测试三相定子绕组相互间的绝缘电阻和三相定子绕组对机座的绝缘电阻，阻值应为 2MΩ 以上。

（5）运行电流的测试。电动机启动稳定后用钳形电流表测量电动机的空载电流和负载电流，检查三相交流电流是否对称和符合额定值。

任务实施

断开电源开关，在断电情况下检查电动机。

（1）检查三相交流异步电动机的安装是否牢靠。

（2）用手拨动转轴，转子转动应平稳无噪声。

（3）观察三相交流异步电动机的铭牌，读懂铭牌上标示的技术参数。

（4）打开接线盒，按接线方式连接。

（5）检查三相交流异步电动机的接地保护线是否牢靠。

（6）用万用表电阻挡测试三相定子绕组的直流电阻并记录。

（7）用 500V 兆欧表测试三相定子绕组相互间的绝缘电阻和三相定子绕组对机座的绝缘电阻并记录。

练习题

1．说明三相鼠笼式异步电动机的主要结构。

2．某三相交流异步电动机的额定转速为 950r/min，它是几极电动机？

3．什么是转差率？电动机启动过程中转差率怎样变化？

4．某三相交流异步电动机部分铭牌数据为 1.5kW，380/220V，Y/△。

（1）解释铭牌数据的含义。

（2）当电源线电压为 380V 时，定子绕组应做何种连接？当电源线电压为 220V 时，定子绕组应做何种连接？

（3）如果将定子绕组连接成星形，接在 220V 的三相电源上，会发生什么现象？

|任务二　实现电动机点动控制|

任务引入

点动控制适用于电动机较短时间运转，例如，点动控制常用于起吊重物或调整生产设备的初始工作状态。图 1.7 所示为电动机点动控制线路原理图。电动机点动控制的操作为：按下点动按钮 SB，电动机 M 启动运转；松开点动按钮 SB，电动机 M 停止。

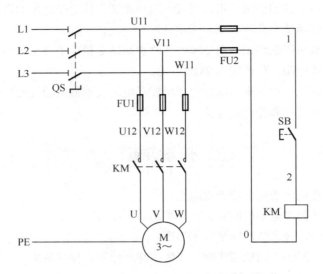

图 1.7　点动控制线路原理图

图 1.8 所示为电动机点动控制线路安装接线图。接线图是根据电气控制原理图与电器安装位置绘制的图形，接线图中的粗实线由多根实际连接线构成，称为母线；细实线表示单根连接线，称为分支线。分支线与母线连接时呈 45°或 135°。

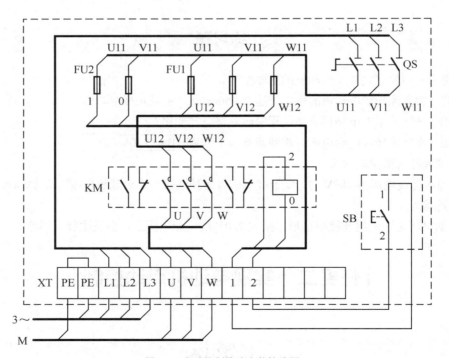

图 1.8　点动控制线路安装接线图

图 1.9 所示为接触器点动控制线路实物图。

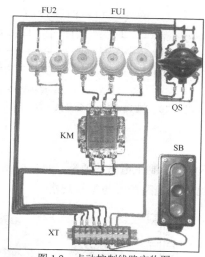

图 1.9　点动控制线路实物图

相关知识

一、电路构成

　　如图 1.7 所示，电气控制线路可分为主电路和控制电路两大部分。主电路是电动机电流流经的电路。主电路的特点是电压高（380V）、电流大。控制电路是对主电路起控制作用的电路。控制电路的特点是电压不确定（有 24V、36V、48V、110V、220V、380V 6 个等级）、电流小。在电气原理图中，电源线水平绘制，主电路垂直绘在左侧，控制电路垂直绘在右侧。同一个电气元器件的各个部分可以分别绘在不同的电路中。例如，接触器的主触头绘在主电路中，线圈绘在控制电路中，主触头和线圈的图形符号不同；但文字符号相同，表示为同一个电气器件。

二、组合开关

　　组合开关属于控制电器，主要用作电源引入开关。图 1.10 所示为 HZ10 系列组合开关。开关有 3 对静触头，分别装在 3 层绝缘垫板上，并附有接线端伸出盒外，以便和电源及用电设备相接；3 个动触头装在附有手柄的绝缘杆上，手柄每次转动 90°角，带动 3 个动触头分别与 3 对静触头接通或断开。

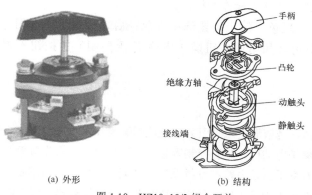

(a) 外形　　　　　　　　(b) 结构

图 1.10　HZ10-10/3 组合开关

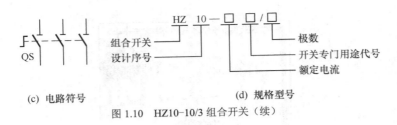

(c) 电路符号   (d) 规格型号

图 1.10   HZ10-10/3 组合开关（续）

三、按钮

按钮属于控制电器，按钮不直接控制主电路的通断，而是控制接触器的线圈。图 1.11 所示为控制设备中常用按钮及按钮的结构、电路符号与型号规格。

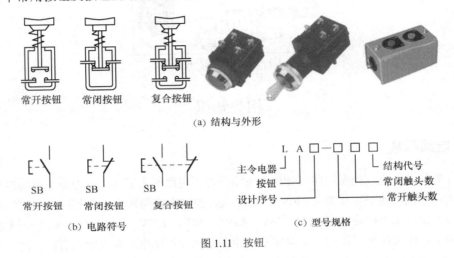

(a) 结构与外形

(b) 电路符号   (c) 型号规格

图 1.11   按钮

1．分类与型号规格

按钮一般分为常开按钮、常闭按钮和复合按钮，其电路符号如图 1.11（b）所示。按钮的型号规格如图 1.11（c）所示，例如，LA10-2K 表示为开启式双联按钮。常用按钮的额定电压为 380V，额定电流为 5A。

2．按钮的选用

（1）根据使用场合和用途选择按钮的种类。例如，手持移动操作的应选用带有保护外壳的按钮；嵌装在操作面板上可选用开启式按钮；需显示工作状态的选用光标式按钮；为防止无关人员误操作，在重要场合应选用带钥匙操作的按钮。

（2）合理选用按钮的颜色。停止按钮选用红色；启动按钮优先选用绿色，但也允许选用黑、白或灰色；一钮双用（如用单按钮操作启动/停止控制）的按钮不得使用绿、红色，而应选用黑、白或灰色。

四、接触器

接触器属于控制电器，是依靠电磁吸引力与复位弹簧反作用力配合动作，使触头闭合或断开的电磁开关，主要控制对象是电动机。具有控制容量大、工作可靠、操作频率高、使用寿命长和便于自动化控制的特点，但本身不具备短路和过载保护的功能，因此，常与熔断器、热继电器或低压断路器等配合使用。目前在电气设备上较多使用 CJX1 系列交流接触器（或 CJX1 系列直流接触器）。

1. 结构

交流接触器的外形与结构如图 1.12（a）、（b）、（c）、（d）所示。

接触器主要由电磁系统和触头系统组成。

（1）电磁系统。电磁系统主要由线圈、静铁心和动铁心 3 部分组成。为了减少铁心的磁滞和涡流损耗，铁心用硅钢片叠压而成。线圈额定电压分别为交流 24V、36V、48V、110V、220V 和 380V，供不同电压等级的控制电路选用。

CJX 系列的接触器在线圈上可方便地插接配套的阻容串联元件，以吸收线圈通、断电时产生的感生电动势，延长 PLC 输出端口物理继电器触头的寿命。

（2）触头系统。交流接触器采用双断点的桥式触头，有 3 对主触头，2 对辅助常开触头和 2 对辅助常闭触头，辅助触头的额定电流均为 5A。低压接触器的主、辅触头的额定电压均为 380V。CJX 接触器可组装积木式辅助触头组、空气延时头、机械联锁机构等附件，组成延时接触器、丫—△启动器等。

通常主触头额定电流在 10A 以上的接触器配有灭弧罩，作用是减小或消除触头电弧。灭弧罩对接触器的安全使用起着重要的作用。

2. 电路符号与型号规格

接触器的电路符号如图 1.12（e）所示。型号规格如图 1.12（f）所示，例如，CJX1-16 表示主触头为额定电流 16A 的接触器。

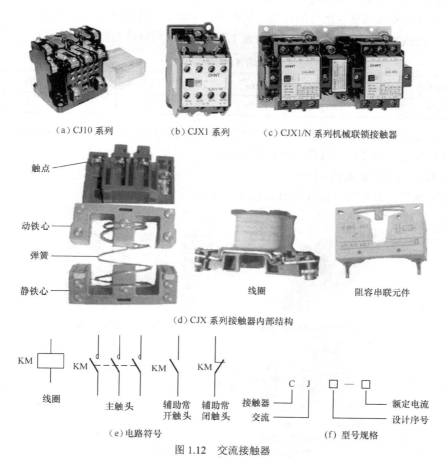

（a）CJ10 系列　　　（b）CJX1 系列　　　（c）CJX1/N 系列机械联锁接触器

（d）CJX 系列接触器内部结构

（e）电路符号　　　　　　　　　（f）型号规格

图 1.12　交流接触器

3．交流接触器的工作原理

交流接触器的工作原理如图 1.13 所示。接触器的线圈和静铁心固定不动，当线圈通电时，铁心线圈产生电磁吸力，将动铁心吸合并带动动触头运动，使常闭触头分断，常开触头接通。当线圈断电时，动铁心依靠弹簧作用力而复位，其常开触头恢复分断，常闭触头恢复闭合。

4．交流接触器的选用

（1）主触头额定电压的选择。接触器主触头的额定电压应大于或等于被控制电路的额定电压。

（2）主触头额定电流的选择。接触器主触头的额定电流应大于或等于电动机的额定电流。如果用作电动机频繁启动、制动及正反转的场合，应将接触器主触头的额定电流降低一个等级使用。

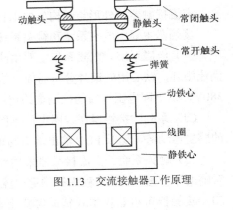

图 1.13 交流接触器工作原理

（3）线圈额定电压的选择。线圈额定电压应与设备控制电路的电压等级相同，通常选用 380V 或 220V。若从安全方面考虑需用较低电压时，也可选用 36V 或 110V 等。

五、熔断器

熔断器属于保护电器，使用时串联在被保护的电路中，其熔体在过流时迅速熔化切断电路，起到保护用电设备和线路安全运行的作用。熔断器在一般低压照明线路或电热设备中作过载和短路保护，在电动机控制线路中作短路保护。表 1.2 所示为常用熔体的安秒特性列表。

表 1.2 常用熔体的安秒特性

熔体通过电流/A	$1.25I_N$	$1.6I_N$	$1.8I_N$	$2I_N$	$2.5I_N$	$3I_N$	$4I_N$	$8I_N$
熔断时间/s	∞	3600	1200	40	8	4.5	2.5	1

表中，I_N 为熔体额定电流，通常取 $2I_N$ 为熔断器的熔断电流，其熔断时间约为 40s。因此，熔断器对轻度过载反应迟缓，一般只能作短路保护。

1．外形、结构与电路符号

熔断器的外形、结构与电路符号如图 1.14 所示。

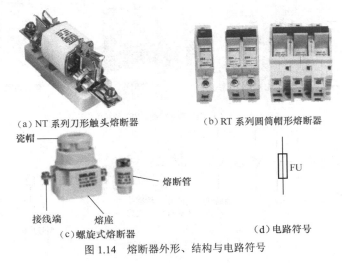

（a）NT 系列刀形触头熔断器　　（b）RT 系列圆筒帽形熔断器

（c）螺旋式熔断器　　（d）电路符号

图 1.14 熔断器外形、结构与电路符号

刀形触头熔断器多安装于配电柜。

RT 系列圆筒帽形熔断器采取导轨安装和安全性能高的指触防护接线端子,目前在电气设备中广泛应用。

螺旋式熔断器熔断管的端口处装有熔断指示片,该指示片脱落时表示内部熔丝已断。不同规格的熔断器按电流等级配置熔断管,如 380V/60A 的 RL1 型熔断器配有 20A、25A、30A、35A、40A、50A、60A 额定电流等级的熔断管。螺旋式熔断器底座的中心端为连接电源端子。

熔断器由熔体、熔断管和熔座 3 部分组成。

熔体:熔体常做成丝状或片状,制作熔体的材料一般有铅锡合金和铜。

熔断管:安装熔体,是熔体的保护外壳并在熔体熔断时兼有灭弧作用。

熔座:起固定熔管和连接导线作用。

2．主要技术参数

(1)额定电压(V)。额定电压指熔断器长期安全工作的电压。

(2)额定电流(A)。额定电流指熔断器长期安全工作的电流。

3．熔体额定电流的选择

照明和电热负载:熔体额定电流应等于或稍大于负载的额定电流。

电动机控制电路的选择应注意以下几点。

(1)对于单台电动机,熔体额定电流应大于或等于电动机额定电流的 1.5～2.5 倍。

(2)对于多台电动机,熔体额定电流应大于或等于其中最大功率电动机的额定电流的 1.5～2.5 倍,再加上其余电动机的额定电流之和。

对于启动负载重、启动时间长的电动机,熔体额定电流的倍数应适当增大。

任务实施

一、工具与器材

完成任务所需的工具和器材见表 1.3。

表 1.3 工具及器材

序 号	名 称	型号与规格	单 位	数 量
1	三相交流电源	～3×380V	处	1
2	电工通用工具	验电笔、钢丝钳、螺丝刀(包括十字口螺丝刀、一字口螺丝刀)、电工刀、尖嘴钳、活扳手等	套	1
3	低压开关	组合开关一只(HZ10 系列)	只	1
4	低压熔断器	RL1 系列,60A	个	3
5	低压熔断器	RL1 系列,15A	个	2
6	按钮	LA10-2H	个	1
7	接触器	CJ10-10(线圈电压 380V)	个	1
8	电动机	根据实习设备自定	台	1
9	导线	BVR1.5mm² 铜线		若干

二、操作步骤

(1)仔细观察各种不同类型、规格的按钮和接触器,熟悉它们的外形、结构、型号及主要技术参数的意义和动作原理。

（2）检测按钮和接触器的质量好坏，特别要注意检查接触器的线圈电压是否与控制电路的电压等级相同。

（3）检测熔断器是否开路。

（4）按照图 1.7、图 1.8、图 1.9 所示在控制板上安装器件和接线，要求各器件安装位置整齐、匀称、间距合理。

（5）检查安装的线路是否符合安装及控制要求。

（6）经指导教师检查合格后进行通电操作。

闭合电源组合开关 QS。

启动：按下按钮 SB→KM 线圈通电→KM 主触头闭合→电动机 M 通电运转。

停止：松开按钮 SB→KM 线圈断电→KM 主触头分断→电动机 M 断电停止。

（7）断开电源组合开关 QS。

知识扩展——中间继电器

中间继电器属于控制电器，在电路中起着信号传递、分配等作用，因其主要作为传递控制信号的中间元件，故称为中间继电器。中间继电器的外形与电路符号如图 1.15 所示。

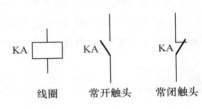

（a）DZ-30B 系列直流中间继电器　　（b）JZC4 系列交流中间继电器　　　　（c）电路符号

图 1.15　中间继电器的外形与电路符号

交流中间继电器的结构和动作原理与交流接触器相似，不同点是中间继电器只有辅助触头，触头的额定电压/电流为 380V/5A。通常中间继电器有 4 对常开触头和 4 对常闭触头。中间继电器线圈的额定电压应与设备控制电路电压等级相同。JZC4 系列中间继电器采取导轨安装和安全性高的指触防护接线端子，在电气设备上广泛应用。

练习题

1．电气控制线路的主电路和控制电路各有什么特点？

2．交流接触器有几对主触头，几对辅助触头？交流接触器的线圈电压一定是 380V 吗？怎样选择交流接触器？

3．交流接触器的灭弧罩起什么作用？

4．如何正确选择熔断器？

5．熔断器为什么在电动机控制线路中不能作过载保护？

6. 接触器和中间继电器的触头系统有什么区别？

7. 中间继电器的作用是什么？

8. 点动控制主要应用在哪些场合？

任务三　实现电动机自锁控制

任务引入

　　点动控制仅适用于电动机短时间运转，如果要求电动机长时间连续工作，则需要具有连续运行功能的控制电路。在启动按钮的两端并接一对接触器的辅助常开触头（称为自锁触头）。当松开启动按钮后，虽然按钮复位分断，但依靠接触器的自锁触头仍可保持控制电路的接通状态。这种能使电动机连续工作的电路称为自锁控制线路。

　　电动机自锁控制要求：按下启动按钮SB1，电动机运转；按下停止按钮 SB2，电动机停止。图1.16 和图1.17所示分别为自锁控制线路原理图和安装接线图。

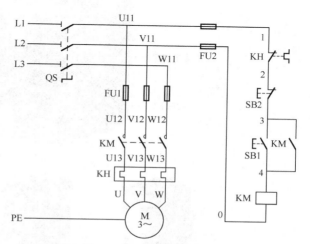

图 1.16　自锁控制线路原理图

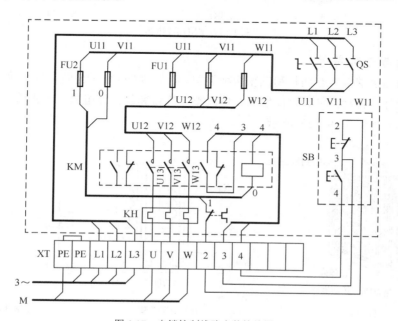

图 1.17　自锁控制线路安装接线图

相关知识

一、热继电器

热继电器是利用电流热效应工作的保护电器。它主要与接触器配合使用，用作电动机的过载保护。图 1.18 所示为常用的几种热继电器的外形图。

JRS 系列热继电器可与接触器插接安装，也可独立安装，采取安全性能高的指触防护接线端子，目前在电气设备上广泛应用。

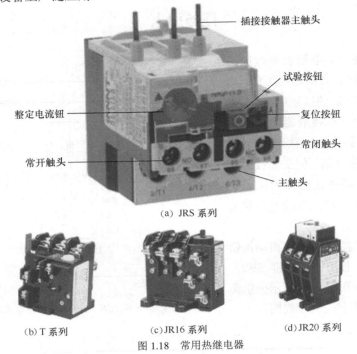

（a）JRS 系列

（b）T 系列　　（c）JR16 系列　　（d）JR20 系列

图 1.18　常用热继电器

1. 结构与电路符号

目前使用的热继电器有两相和三相两种类型。图 1.19（a）所示为两相双金属片式热继电器。它主要由热元件、传动推杆、常闭触头、电流整定旋钮和复位杆组成。动作原理如图 1.19（b）所示，电路符号如图 1.19（c）所示。

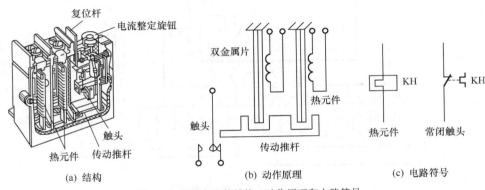

（a）结构　　　　　　　　　　（b）动作原理　　　　　　　（c）电路符号

图 1.19　热继电器的结构、动作原理和电路符号

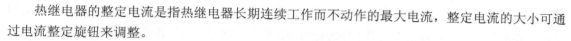

热继电器的整定电流是指热继电器长期连续工作而不动作的最大电流，整定电流的大小可通过电流整定旋钮来调整。

2．型号规格

热继电器的型号规格如图 1.20 所示，例如，JRS1-12/3 表示 JRS1 系列额定电流 12A 的三相热继电器。

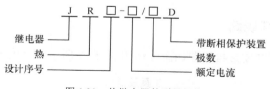

图 1.20　热继电器的型号规格

3．选用方法

（1）选类型。一般情况，可选择两相或普通三相结构的热继电器，但对于三角形接法的电动机，应选择三相结构并带断相保护功能的热继电器。

（2）选择额定电流。热继电器的额定电流要大于或等于电动机的额定电流。

（3）合理整定热元件的动作电流。一般情况下，将整定电流值调整在与电动机的额定电流值相等即可。但对于启动时负载较重的电动机，整定电流值可略大于电动机的额定电流值。

二、自锁控制线路工作原理

合上电源隔离开关 QS。

接触器自锁控制线路具有欠压、失压和过载保护功能。

1．欠压保护

当线路电压下降到一定值时，接触器电磁系统产生的电磁吸力减小。当电磁吸力减小到小于复位弹簧的弹力时，动铁心就会释放，主触头和自锁触头同时分断，自动切断主电路和控制电路，使电动机断电停转，起到了欠压保护的作用。

2．失压保护

失压保护是指电动机在正常工作时，由于某种原因突然断电时，电路能自动切断电动机的电源，而当重新供电时，保证电动机不可能自行启动的一种保护。

3．过载保护

点动控制属于短时工作方式，因此不需要对电动机进行过载保护。而自锁控制线路中的电动机往往要长时间工作，所以必须对电动机进行过载保护。将热继电器的热元件串联接入主电路，常闭触头串联接入控制电路。当电动机正常工作时，热继电器不动作。当电动机过载且时间较长时，热元件因过流发热引起温度升高，使双金属片受热膨胀弯曲变形，推动传动推杆使热继电器常闭触头断开，切断控制电路，接触器线圈失电而断开主电路，实现对电动机的过载保护。

由于热继电器的热元件具有热惯性，所以热继电器从过载到触头断开需要延迟一定的时间，即热继电器具有延时动作特性。这正好符合电动机的启动要求，否则电动机在启动过程中也会因过载而断电。但是，正是由于热继电器的延时动作特性，即使负载短路也不会瞬时断开，因此热继电器不能作短路保护。热继电器的复位应在过载断电几分钟后待热元件和双金属片冷却后进行。

任务实施

一、连接自锁控制线路

自锁控制线路原理图和安装接线图如图 1.16 和图 1.17 所示，使用工具及器材见表 1.4。

表 1.4　　　　　　　　　　　　　工具及器材

序　号	名　　称	型号与规格	单　位	数　量
1	三相交流电源	~3×380V	处	1
2	电工通用工具	验电笔、钢丝钳、螺丝刀（包括十字口螺丝刀、一字口螺丝刀）、电工刀、尖嘴钳、活扳手等	套	1
3	低压开关	组合开关一只（HZ10 系列）	只	1
4	低压熔断器	RT 系列	个	5
5	按钮	LA10-3H	个	1
6	接触器	CJX 系列（线圈电压 380V）	个	1
7	热继电器	JRS 系列，根据电动机自定	个	1
8	电动机	根据实习设备自定	台	1
9	导线	BVR1.5mm² 铜线		若干

二、操作步骤

（1）仔细观察热继电器，熟悉外形、结构、型号及主要技术参数的意义和动作原理，并根据电动机的额定电流值来调整热继电器的整定电流值。

（2）检测按钮、热继电器、熔断器和接触器的质量好坏。

（3）按照图 1.16 和图 1.17 所示在控制板上安装器件和接线，要求各器件安装位置整齐、匀称、间距合理。

（4）检查安装的线路是否符合安装及控制要求。

（5）经指导教师检查合格后进行通电操作。

（6）按下启动按钮 SB1，交流接触器 KM 通电，电动机 M 通电运行。

（7）按下停止按钮 SB2，交流接触器 KM 断电，电动机 M 断电停止。

（8）操作完毕，关断电源开关。

知识扩展——多地控制

有的生产设备机身很长，并且启动和停止操作很频繁，为了减少操作人员的行走时间，提高生产效率，常在设备机身多处安装控制按钮。图 1.21 所示为甲、乙两地自锁控制线路，其中 SB11、SB12 为甲地启动/停止按钮，SB21、SB22 为乙地启动/停止按钮，这样就可以分别在甲、乙两地控制同一台电动机启动或停止。

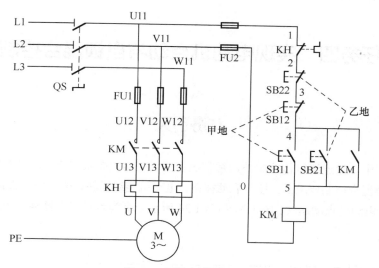

图 1.21　两地自锁控制线路

对两地以上的多地控制，只要把各地的启动按钮并接、停止按钮串接就可以实现。在多地控制中，按钮连线长，数量多，为了保证安全，控制电路多采用安全电压等级（通过 380V/36V 变压器实现）。

练习题

1. 什么是自锁控制？试分析判断图 1.22 所示的各控制电路能否实现自锁控制。若不能，试说明原因。

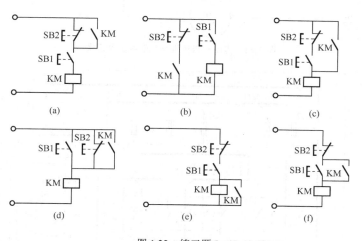

图 1.22　练习题 1

2. 如何选用热继电器？

3. 什么是热继电器的整定电流？如何调整整定电流？

4. 在连续工作的电动机主电路中装有熔断器，为什么还要装热继电器？

5. 什么是接触器自锁控制线路的欠压保护和失压保护？

6. 多地控制中的停止按钮和启动按钮如何连接？

任务四　实现电动机点动与自锁混合控制

任务引入

在实际生产中，除连续运行控制外，常常还需要用点动控制来调整生产设备的工作状态。电动机点动与自锁混合控制要求是：按下启动按钮，电动机连续运转；按下停止按钮，电动机停止；按下点动按钮，电动机点动运转。图 1.23 和图 1.24 所示分别为点动与自锁混合控制线路原理图和安装接线图。

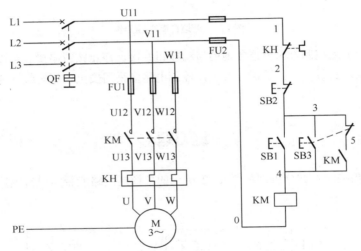

图 1.23　点动与自锁混合控制线路原理图

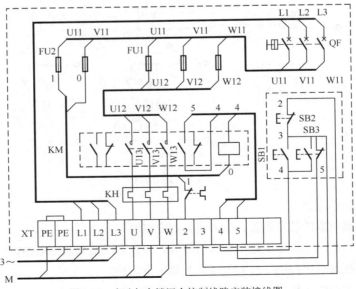

图 1.24　点动与自锁混合控制线路安装接线图

相关知识

一、低压断路器

低压断路器又称为自动空气开关，简称断路器。它集控制和保护于一体，在电路正常工作时，作为电源开关进行不频繁接通和分断电路；而在电路发生短路和过载等故障时，又能自动切断电路，起到保护作用，有的断路器还具备漏电保护和欠压保护功能。低压断路器外形结构紧凑、体积小，控制和保护功能全，可取代组合开关、熔断器和热继电器。常用的 DZ 系列低压断路器如图 1.25 所示。

(a) DZ47-63　　　　　　　　(b) DZ5　　　　　　　　(c) DZ47-100

图 1.25　低压断路器

1．DZ5 系列低压断路器的内部结构和电路符号

DZ5 系列低压断路器的内部结构及电路符号如图 1.26 所示。它主要有动、静触头，操作机构，灭弧装置，保护机构及外壳等部分组成。其中保护机构由热脱扣器（起过载保护作用）和电磁脱扣器（起短路保护作用）构成。

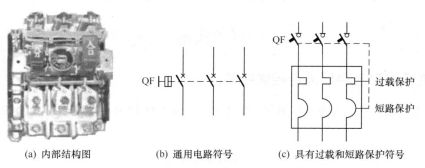

(a) 内部结构图　　　(b) 通用电路符号　　　(c) 具有过载和短路保护符号

图 1.26　DZ5 系列低压断路器的内部结构和电路符号

2．型号规格

DZ5 系列低压断路器的型号规格如图 1.27 所示，例如，DZ5-20/330 表示额定电流 20A 的三极复式塑壳式断路器。

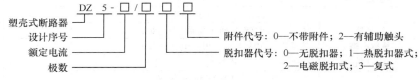

图 1.27　DZ5 系列低压断路器的型号规格

3．选用方法

（1）低压断路器的额定电压和额定电流应等于或大于线路的工作电压和工作电流。

（2）热脱扣器的额定电流应大于或等于线路的最大工作电流。

（3）热脱扣器的整定电流应等于被控制线路正常工作电流或电动机的额定电流。

二、工作原理

点动与自锁混合控制线路的工作原理如下。

（1）连续控制

（2）点动控制

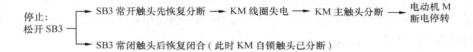

任务实施

一、连接点动与自锁混合控制线路

点动与自锁混合控制线路原理图和安装接线图如图 1.23 和图 1.24 所示，使用工具及器材见表 1.5。

表 1.5　　　　　　　　　　　　　工具及器材

序　号	名　　称	型号与规格	单　位	数　量
1	三相交流电源	～3×380V	处	1
2	电工通用工具	验电笔、钢丝钳、螺丝刀（包括十字口螺丝刀、一字口螺丝刀）、电工刀、尖嘴钳、活扳手等	套	1
3	断路器	DZ5-20/330	只	1
4	低压熔断器	RT 系列	个	5
5	按钮	LA10-3H	个	1
6	接触器	CJX 系列（线圈电压 380V）	个	1
7	热继电器	JRS 系列（根据电动机自定）	个	1
8	电动机	根据实习设备自定	台	1
9	导线	BVR1.5mm² 铜线		若干

二、操作步骤

（1）按照图1.23和图1.24所示在控制板上安装器件和接线，要求各器件安装位置整齐、匀称、间距合理。

（2）检查安装的线路是否符合安装及控制要求。

（3）经指导教师检查合格后进行通电操作。

（4）按下启动按钮SB1，交流接触器KM通电，电动机M通电运行。

（5）按下停止按钮SB2，交流接触器KM断电，电动机M断电停止。

（6）按下点动按钮SB3，交流接触器KM通电，电动机M通电运行；松开点动按钮SB3，交流接触器KM断电，电动机M断电停止。

（7）操作完毕，关断电源开关。

知识扩展——电动机顺序控制

在装有多台电动机的生产设备上，根据生产工艺要求，各台电动机需要按一定的顺序启动或停止。例如，在万能铣床上要求主轴电动机启动后，进给电动机才能启动。像这种要求几台电动机的启动或停止，必须按照一定的先后顺序来完成的控制方式，称为电动机顺序控制。

1．顺序控制线路 1

顺序控制线路1如图1.28所示。第2台电动机的接触器KM2的线圈电路串接了KM1的常开触头（4、5）。显然，只有M1启动后，M2才能启动；按下停止按钮时，M1、M2同时停止。KM1的常开触头（4、5）有两个作用，一是自锁，二是联锁控制KM2。

2．顺序控制线路 2

顺序控制线路2如图1.29所示。KM2的线圈电路串接了KM1的常开触头（7、8）。显然，只有M1启动后，M2才能启动；按下M2停止按钮SB22时，M2可单独停止；按下M1停止按钮SB12时，M1、M2同时停止。KM1的常开触头（7、8）起联锁控制KM2的作用。

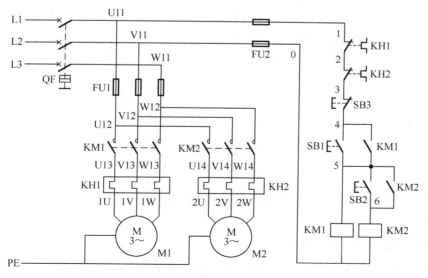

图1.28 顺序控制线路1原理图

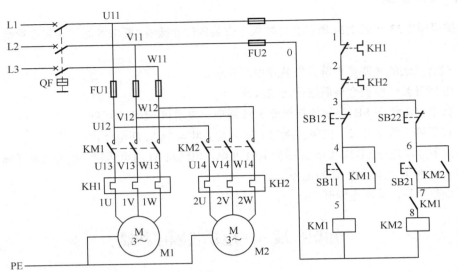

图 1.29　顺序控制线路 2 原理图

3．顺序控制线路 3

顺序控制线路 3 如图 1.30 所示。KM2 的线圈电路串接了 KM1 的常开触头（7、8），KM2 的常开触头（3、4）与 M1 的停止按钮 SB12 并接，实现了电动机 M1 启动后，M2 才能启动；而 M2 停止后，M1 才能停止的控制要求，即 M1、M2 是顺序启动，逆序停止。

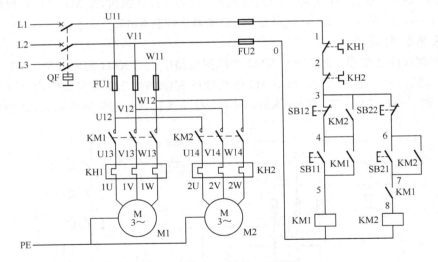

图 1.30　顺序控制线路 3 原理图

练习题

1．低压断路器有哪些保护功能？
2．试绘出两台电动机顺序启动、同时停车控制线路原理图。
3．试绘出两台电动机顺序启动、逆序停车控制线路原理图。

任务五 实现电动机正反转控制

任务引入

机械设备的传动部件常需要改变运动方向，例如，铣床的工作台能够向左或向右运动，电梯能上升或下降，都要求拖动电动机能够正反转运行。电动机正反转控制要求是：按下正转按钮，电动机正转；按下停止按钮，电动机停止；按下反转按钮，电动机反转。电动机正反转控制线路原理图和安装接线图如图 1.31 和图 1.32 所示。

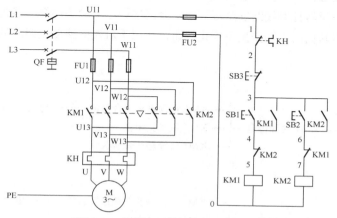

图 1.31 电动机正反转控制线路原理图

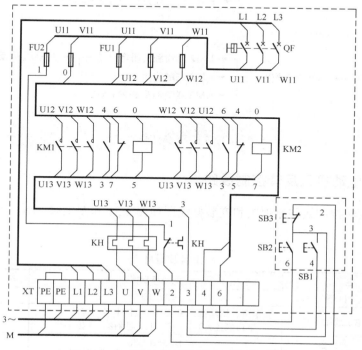

图 1.32 电动机正反转控制线路安装接线图

相关知识——电动机正反转工作原理

由电动机原理可知，当改变三相交流电动机的电源相序时，电动机便改变转动方向。正反转控制线路中正转接触器 KM1 引入电源相序为 L1—L2—L3，使电动机正转；反转接触器 KM2 引入电源相序为 L3—L2—L1，使电动机反转。

正转接触器与反转接触器不允许同时接通，否则会出现电源短路事故。主电路中的"▽"符号为机械联锁符号，表示 KM1 与 KM2 互相机械联锁，可采用 CJX1/N 系列联锁接触器。在控制电路中，也必须采用接触器联锁措施，联锁的方法是将接触器的常闭触头与对方接触器线圈相串联。当正转接触器工作时，其常闭触头断开反转控制电路，使反转接触器线圈无法通电工作。同理，反转接触器联锁控制正转接触器电路。在电路中起联锁作用的触头称为联锁触头。

接触器联锁的正反转控制线路安全可靠，不会因接触器主触头熔焊不能脱开而造成电源短路事故，但改变电动机转向时需要先按下停止按钮，适用于对换向速度无要求的场合，其工作原理如下。

（1）正转

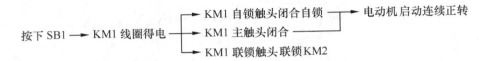

（2）停止

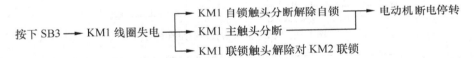

（3）反转

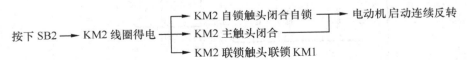

任务实施

一、安装电动机正反转控制线路

电动机正反转控制线路原理图和安装接线图如图 1.31 和图 1.32 所示，使用工具及器材见表 1.6。

表 1.6　　　　　　　　　　　工具及器材

序号	名　称	型号与规格	单　位	数　量
1	三相交流电源	～3×380V	处	1
2	电工通用工具	验电笔、钢丝钳、螺丝刀（包括十字口螺丝刀、一字口螺丝刀）、电工刀、尖嘴钳、活扳手等	套	1
3	断路器	DZ5-20/330	只	1
4	低压熔断器	RT 系列	个	5

续表

序号	名　　称	型号与规格	单　位	数　量
5	按钮	LA10-3H	个	1
6	接触器	CJX2（线圈电压 380V）	个	2
7	热继电器	JRS 系列（根据电动机自定）	个	1
8	电动机	根据实习设备自定	台	1
9	导线	BVR1.5mm² 铜线		若干

二、操作步骤

（1）按照图 1.31 和图 1.32 所示在控制板上安装器件和接线，要求各器件安装位置整齐、匀称、间距合理。

（2）检查安装的线路是否符合安装及控制要求。

（3）经指导教师检查合格后进行通电操作。

（4）按下正转按钮 SB1，交流接触器 KM1 通电，电动机 M 通电正转运行。

（5）按下停止按钮 SB3，交流接触器 KM1 断电，电动机 M 断电停止。

（6）按下反转按钮 SB2，交流接触器 KM2 通电，电动机 M 通电反转运行。

（7）按下停止按钮 SB3，交流接触器 KM2 断电，电动机 M 断电停止。

（8）操作完毕，关断电源开关。

知识扩展——双重联锁的正反转控制线路

将正反转复合按钮的常闭触头与对方控制电路串联，就构成了接触器和按钮双重联锁的正反转控制线路，在改变电动机转向时不需要按下停止按钮，适用于要求换向迅速的场合。双重联锁的正反转控制线路如图 1.33 所示。

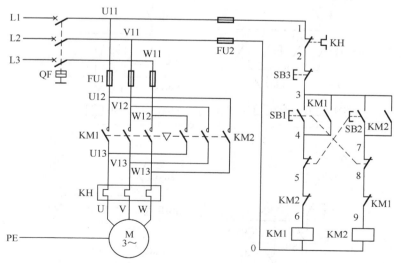

图 1.33　双重联锁的正反转控制线路

双重联锁的正反转控制线路工作原理如下。

（1）正转控制

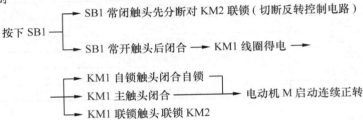

（2）反转控制

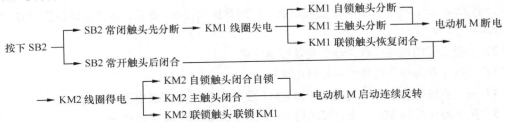

（3）停止控制

按下 SB3，整个控制电路失电，接触器主触头分断，电动机 M 断电停转。

练习题

1．如何改变三相异步电动机的转向？

2．在电动机正反转控制电路中为什么必须要有接触器联锁控制？

3．双重联锁控制适用于什么场合？

4．试分析判断图 1.34 所示的各控制电路能否实现正反转控制。若不能，试说明原因。

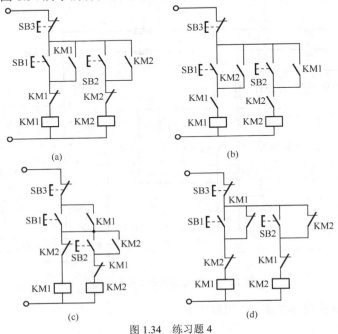

图 1.34　练习题 4

任务六　实现工作机械行程与位置控制

任务引入

生产机械运动部件的行程或位置要受到一定范围的限制，否则可能引起机械事故。通常利用生产机械运动部件上的挡铁与固定在合适位置上的行程开关滚轮碰撞，使其触头动作，来接通或断开控制电路，实现对运动部件行程或位置控制。图1.35所示为某生产设备运动工作台的左右位置限位行程开关和挡铁。

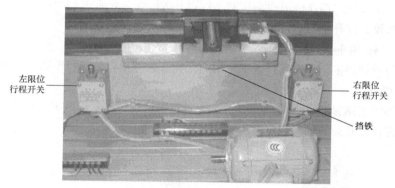

图1.35　运动工作台的左右限位行程开关安装图

图1.36所示为行程与位置控制线路原理图和行车示意图。行程与位置控制要求是：按下前进按钮，行车前进，碰到前进位置开关，行车停止；按下后退按钮，行车后退，碰到后退位置开关，行车停止；按下停止按钮，行车停止。

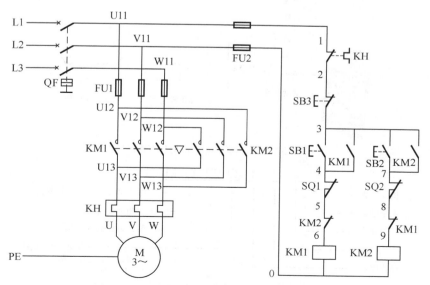

图1.36　行程与位置控制线路原理图和行车示意图

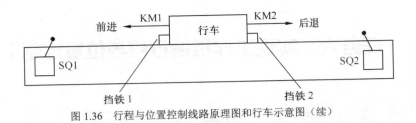

图 1.36　行程与位置控制线路原理图和行车示意图（续）

相关知识

一、行程开关

行程开关与按钮的作用相同，但两者的操作方式不同。按钮是用手指操纵，而行程开关则是依靠生产机械运动部件的挡铁碰撞而动作的。行程开关除作为位置控制外，还常用作车门打开自停开关，当检修设备打开车门时自动切断控制电路，起安全保护作用。

1．外形、结构和电路符号

行程开关的种类很多，在电气设备中常用的行程开关外形、结构和电路符号如图 1.37 所示。

2．型号规格

型号规格如图 1.38 所示。例如，JLXK1-122 表示单轮旋转式行程开关，两对常开触头和两对常闭触头。通常行程开关的触头额定电压 380V，额定电流 5A。

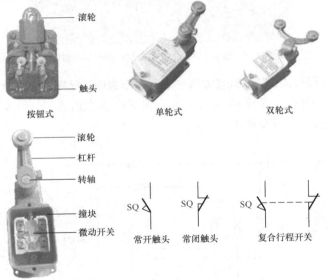

图 1.37　行程开关外形、结构与电路符号

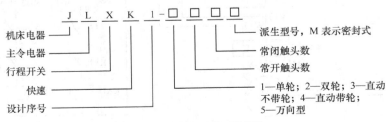

图 1.38　行程开关的型号规格

二、电路原理

（1）行车向前运动

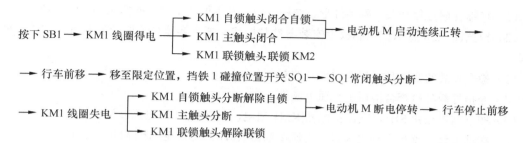

此时，即使再按下 SB1，由于 SQ1 常闭触头已分断，接触器 KM1 线圈也不会得电，保证行车不会超过 SQ1 所在的位置。

（2）行车向后运动

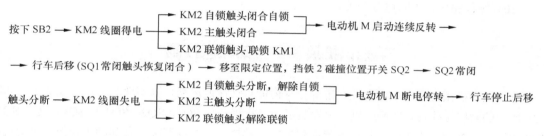

停车时只需按下 SB3 即可。

任务实施

一、安装行程与位置控制线路

行程与位置控制线路如图 1.36 所示。使用工具及器材见表 1.7。

表 1.7 工具及器材

序　号	名　　　称	型号与规格	单　位	数　量
1	三相交流电源	～3×380V	处	1
2	电工通用工具	验电笔、钢丝钳、螺丝刀（包括十字口螺丝刀、一字口螺丝刀）、电工刀、尖嘴钳、活扳手等	套	1
3	断路器	DZ5-20/330	只	1
4	低压熔断器	RT 系列	个	5
5	按钮	LA10-3H	个	1
6	热继电器	JRS 系列（根据电动机自定）	个	1
7	接触器	CJX1 系列（线圈电压 380V）	个	2
8	行程开关	JLXK1-111	个	2
9	电动机	根据实习设备自定	台	1
10	导线	BVR1.5 mm² 铜线		若干

二、操作步骤

（1）仔细观察行程开关，熟悉外形、结构、型号及主要技术参数的意义和动作原理。

（2）根据图 1.36 所示在控制板上安装器件和接线，要求各器件安装位置整齐、匀称、间距合理。

（3）检查安装的线路是否符合安装及控制要求。

（4）经指导教师检查合格后进行通电操作。

（5）按下前进按钮 SB1，交流接触器 KM1 通电，电动机 M 通电正转运行。

（6）拨动前进位置行程开关 SQ1，交流接触器 KM1 断电，电动机 M 断电停止。

（7）按下后退按钮 SB2，交流接触器 KM2 通电，电动机 M 通电反转运行。

（8）拨动后退位置行程开关 SQ2，交流接触器 KM2 断电，电动机 M 断电停止。

（9）无论电动机处于何种状态，按下停止按钮 SB3，电动机 M 断电停止。

（10）操作完毕，关断电源开关。

知识扩展——自动往返控制

有些生产机械，要求工作台在一定的行程内能自动往返运动，以实现对工件连续加工。如图 1.39 所示的磨床工作台，在磨床机身上安装了 4 个行程开关 SQ1、SQ2、SQ3 和 SQ4，其中 SQ1、SQ2 用于自动换向，当工作台运动到换向位置时，挡铁撞击行程开关，使其触头动作，电动机自动换向，使工作台自动往返运动。SQ3、SQ4 用于终端限位保护，以防止 SQ1、SQ2 损坏时，致使工作台越过极限位置而造成事故。

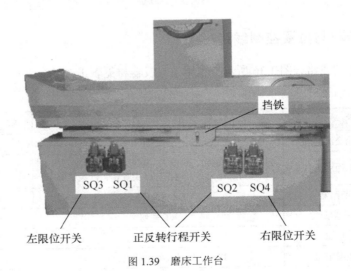

图 1.39　磨床工作台

工作台自动往返控制线路原理图如图 1.40 所示。起换向作用的行程开关 SQ1 和 SQ2 用复合开关，动作时其常闭触头先断开对方控制电路，然后其常开触头接通自身控制电路，实现自动换向功能。当行程开关 SQ3 或 SQ4 动作时则切断控制电路，电动机停止。

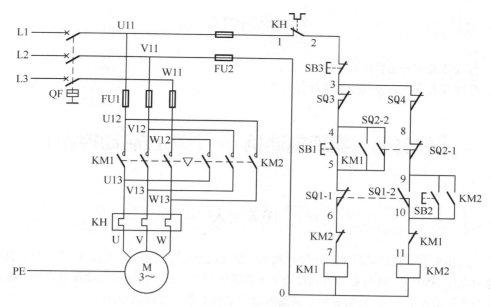

图 1.40 工作台自动往返控制线路原理图

工作台自动往返控制电路工作原理如下。

（1）启动

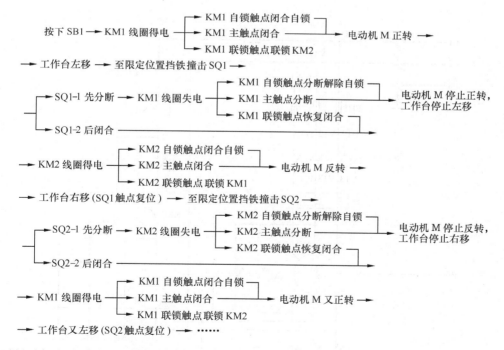

不断重复上述过程，工作台就在限定的行程内做自动往返运动。

（2）停止

停车时只需按下 SB3 即可。

1. 行程开关与按钮有什么异同？
2. 行程开关在机床电气控制中起什么作用？

|任务七　实现电动机丫—△降压启动控制|

任务引入

中、大功率电动机启动时把定子绕组接成丫形（绕组电压 220V），运转后把定子绕组接成△形（绕组电压 380V），这种启动方式称为丫—△降压启动。丫—△降压启动可使启动时电源线电流减少为全压启动的 1/3，有效避免了启动时过大电流对供电线路的影响。

通常在控制电路中接入时间继电器，利用时间继电器的延时功能自动完成丫—△形切换。控制要求是：按下启动按钮，电动机丫形启动，延时几秒后，电动机自动转为△形运转；按下停止按钮，电动机停止。电动机丫—△降压启动控制线路原理图和安装接线图如图 1.41 和图 1.42 所示。

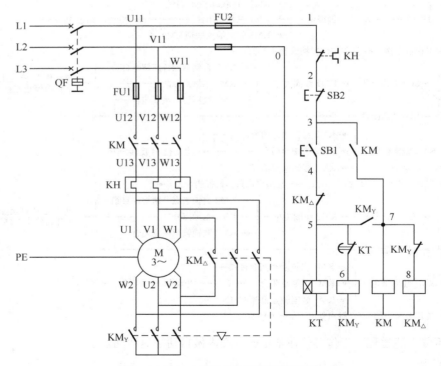

图 1.41　丫—△降压启动控制线路原理图

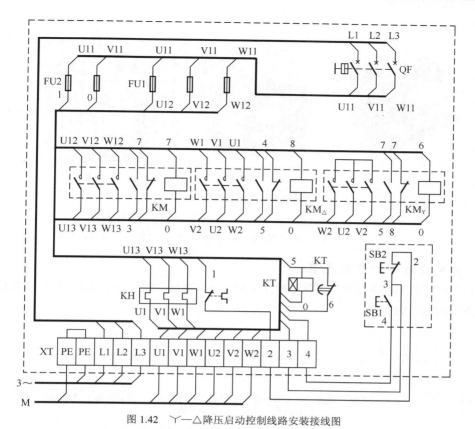

图 1.42 Ｙ—△降压启动控制线路安装接线图

相关知识

一、时间继电器

时间继电器是一种利用电子或机械原理来延迟触头动作时间的控制电器，常用的有晶体管式和空气阻尼式。图 1.43（a）、（b）、（c）所示分别为 JS14-A 系列晶体管式时间继电器的外形、内部构件和操作面板。图 1.43（d）、（e）所示为 JS7-A 系列空气阻尼式时间继电器的外形，空气阻尼式时间继电器由电磁系统、延时机构和触头系统 3 部分组成，它是利用空气阻尼原理达到延时的目的。延时方式有通电延时型和断电延时型两种：当衔铁位于铁心和延时机构之间时为通电延时型；当铁心位于衔铁和延时机构之间时为断电延时型。图 1.43（f）所示结构为断电延时型，将电磁系统反转 180° 安装后，即成为通电延时型。

| (a) | (b) | (c) |

图 1.43 时间继电器

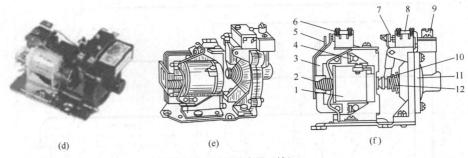

(d)   (e)   (f)

图 1.43　时间继电器（续）

1—线圈；2—反力弹簧；3—衔铁；4—铁心；5—弹簧片；6—瞬时触头；
7—杠杆；8—延时触头；9—调节螺钉；10—推杆；11—空气室；12—宝塔形弹簧

1．通电延时型时间继电器

通电延时型时间继电器的电路符号如图 1.44 所示。通常在时间继电器上既有起延时作用的触头，也有瞬时动作的触头。

图 1.44　通电延时型时间继电器的电路符号

2．断电延时型时间继电器

断电延时型时间继电器的电路符号如图 1.45 所示。

图 1.45　断电延时型时间继电器的电路符号

3．型号规格

时间继电器型号规格如图 1.46 所示。

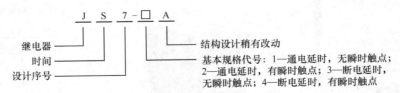

图 1.46　时间继电器的型号规格

4．晶体管式时间继电器

晶体管式时间继电器延时精度高，时间长，调节方便。例如，图 1.43（c）所示的晶体管式时

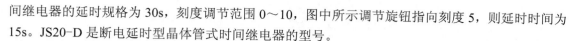

间继电器的延时规格为 30s，刻度调节范围 0～10，图中所示调节旋钮指向刻度 5，则延时时间为 15s。JS20-D 是断电延时型晶体管式时间继电器的型号。

主要技术数据如下。

（1）供电电压：交流（36V、110V、220V、380V）；直流（24V、27V、30V、36V、110V、220V）。

（2）延时规格：5s、10s、30s、60s、120s、180s；5min、10min、20min、30min、60min。

5．空气阻尼式时间继电器

空气阻尼式时间继电器是利用气室内的空气通过小孔节流的原理来获得延时动作的。通电延时型的工作原理是：当电磁线圈通电后，动铁心吸合，瞬时触头立即动作，而与气室紧贴的橡皮膜随进入气室的空气量而开始移动，通过推杆使延时触头延时一定时间后才动作，调节进气孔的大小可获得所需要的延时量。断电延时型的工作原理与通电延时型相似。

JS7-A 系列空气阻尼式时间继电器的工作触头包括两对瞬时触头（一常开一常闭）和两对延时触头（一常开一常闭）。

主要技术数据如下。

（1）供电电压：交流（24V、36V、110V、220V、380V）。

（2）延时规格：0.4～60s、0.4～180s。

6．选用

（1）根据系统的延时范围和精度选择时间继电器的类型和系列。在延时精度要求不高的场合，可选用空气阻尼式时间继电器；要求延时精度高、延时范围较大的场合，可选用晶体管式时间继电器。目前电气设备中较多使用晶体管式时间继电器。

（2）根据控制电路的要求选择时间继电器的延时方式（通电延时型或断电延时型）。

（3）时间继电器电磁线圈的电压应与控制电路电压等级相同。

二、电路原理

丫—△降压启动控制线路电路工作原理如下。

（1）启动

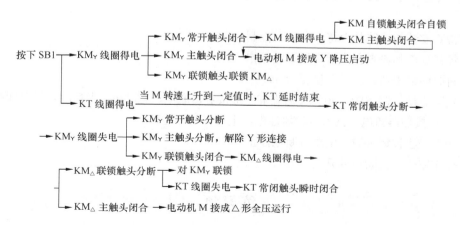

（2）停止

停止时，按下 SB2 即可实现。

任务实施

一、安装电动机丫—△降压启动控制线路

电动机丫—△降压启动控制线路原理图和安装接线图如图 1.41 和图 1.42 所示,使用工具及器材见表 1.8。

表 1.8   工具及器材

序　号	名　　称	型号与规格	单　位	数　量
1	三相交流电源	~3×380V	处	1
2	电工通用工具	验电笔、钢丝钳、螺丝刀（包括十字口螺丝刀、一字口螺丝刀）、电工刀、尖嘴钳、活扳手等	套	1
3	断路器	DZ5-20/330	只	1
4	低压熔断器	RT 系列	个	5
5	按钮	LA10-2H	个	1
6	热继电器	JRS 系列（根据电动机自定）	个	1
7	接触器	CJX1 系列（线圈电压 380V）	个	3
8	时间继电器	晶体管式或空气阻尼式（线圈电压 380V，延时时间 6s）	个	1
9	电动机	根据实习设备自定	台	1
10	导线	BVR1.5mm² 铜线		若干

二、操作步骤

（1）仔细观察时间继电器,熟悉它们的外形、结构、型号及主要技术参数的意义和动作原理。

（2）按照图 1.41 和图 1.42 所示在控制板上安装器件和接线,要求各器件安装位置整齐、匀称、间距合理。

（3）检查安装的线路是否符合安装及控制要求。

（4）经指导教师检查合格后进行通电操作。

（5）将时间继电器延时时间设置为 6s。

（6）按下启动按钮 SB1,电源接触器和丫形接触器通电,电动机丫形启动。当时间继电器延时 6s 后,丫形接触器断电,△形接触器通电,电动机△形运转。

（7）按下停止按钮 SB2,电动机断电停止。

（8）操作完毕,关断电源开关。

练习题

1. 常用的时间继电器有哪些类型和延时方式？如何选择和使用时间继电器？

2. 丫—△形降压启动的特点是什么？

3．在常用电气器件中，哪些属于控制器件？哪些属于保护器件？哪些器件既有控制功能，也有保护功能？

|任务八　实现电动机调速控制|

任务引入

为了满足"低速启动、高速生产"的工艺要求，常常需要改变生产设备上电动机的转速。由电动机的转速公式 $n = \dfrac{60f_1}{P}(1-S)$ 可知，改变三相交流异步电动机的转速可通过以下 3 种方法来实现。

1．变极调速

改变电动机的磁极对数 P 来达到调速目的称为变极调速。变极调速是有级调速，通常使用的有双速、三速电动机。变极调速电动机调速范围窄，不能平滑调速。

2．改变转差率调速

改变转差率 S 调速适用于绕线式转子绕组的电动机，调速方法是改变转子绕组中串联电阻的阻值来改变转差率。改变转差率调速电动机的机械特性较软，功耗大。

3．变频调速

改变电动机电源频率 f_1 来达到调速的目的称为变频调速。变频调速具有调速范围宽，调速平滑性好，机械特性硬的特点。在转差率变化不大的情况下，电动机的转速 n 与电源频率 f_1 成正比，若均匀地改变电源频率 f_1，则能平滑地改变电动机的转速 n。

以上 3 种调速方法中，以变频调速的效果最为理想。

相关知识

一、双绕组变极调速

双绕组电动机有两套独立的定子绕组，各绕组具有不同的磁极个数。例如，某双速电动机的型号为 FO3-40-4/12，高速绕组 4 极，低速绕组 12 极，同步转速分别为 1500/500（r/min），转速比为 3/1。

图 1.47 所示为双绕组变极调速控制线路，其中高、低速控制电路采用按钮和接触器双重联锁。工作原理是：按下低速按钮 SB1，接触器 KM1 通电自锁，电动机低速绕组（U1、V1、W1）通电，电动机低速运转；按下高速按钮 SB2，接触器 KM2 通电自锁，电动机高速绕组（U2、V2、W2）通电，电动机高速运转。

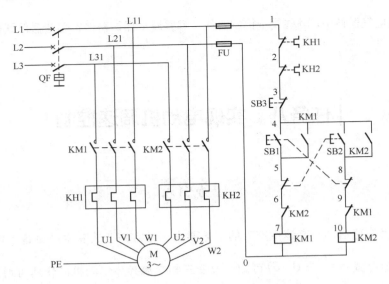

图 1.47　双绕组变极调速控制线路原理图

二、双丫形绕组变极调速

图 1.48 所示为双丫形绕组电动机变极调速控制线路原理图，工作原理是：按下低速按钮 SB1，接触器 KM1 通电自锁，电动机 4 极低速绕组（△形连接）通电，电动机低速运转，电源相序为 L3—L2—L1；按下高速按钮 SB2，接触器 KM2、KM3 通电，KM2 自锁，电动机 2 极高速绕组（丫丫形连接）通电，电动机高速运转，电源相序为 L1—L2—L3。

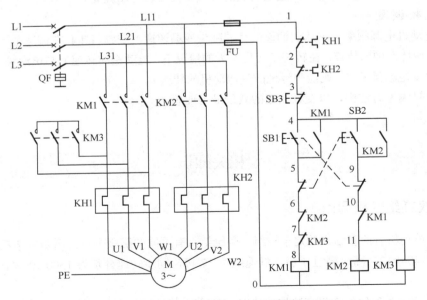

图 1.48　双丫形绕组电动机变极调速控制线路原理图

三、双丫形绕组电动机的结构

双丫形绕组电动机定子绕组的△/丫丫形接线图如图 1.49 所示。图中三相定子绕组接成△形，由 3 个连接点接出 3 个出线端 U1、V1、W1，从每相绕组的中点各接出一个出线端 U2、

V2、W2，这样，定子绕组共有 6 个出线端。通过改变这 6 个出线端的连接方式，就可以得到两种不同的转速。

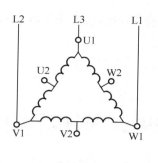
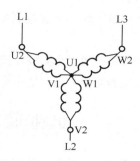

（a）低速 △ 形接法　　　　　　　　（b）高速 丫丫 形接法

图 1.49　电动机定子绕组的 △/丫丫 形接线图

如图 1.49（a）所示，当定子绕组接成 △ 形时，每相绕组中的两个线圈串联，磁场为 4 极，同步转速为 1500r/min。如图 1.49（b）所示，将定子绕组由 △ 形改为双丫形，每相绕组中的两个线圈并联，磁场为 2 极，同步转速为 3000r/min。可见，双丫形绕组电动机高速转速是低速转速的 2 倍。

值得注意的是，由于磁极对数的变化，不仅使转速发生了变化，而且三相定子绕组排列的相序也改变了，为了维持原来的转向不变，就必须在变极的同时改变三相绕组接线的相序。如图 1.48 所示，在变极的同时将 U 相与 W 相的电源相序做了对换。

任务实施

一、安装电动机调速控制线路

电动机调速控制线路原理图如图 1.47 和图 1.48 所示，使用工具及器材见表 1.9。

表 1.9　　　　　　　　　　　　　　工具及器材

序　号	名　　称	型号与规格	单　位	数　量
1	三相交流电源	～3 × 380V	处	1
2	电工通用工具	验电笔、钢丝钳、螺丝刀（包括十字口螺丝刀、一字口螺丝刀）、电工刀、尖嘴钳、活扳手等	套	1
3	断路器	DZ5−20/330	只	1
4	低压熔断器	RT 系列	个	5
5	按钮	LA10−3H	个	1
6	热继电器	JRS 系列（根据电动机自定）	个	2
7	接触器	CJX1 系列（线圈电压 380V）	个	3
8	调速电动机	根据实习设备自定	台	1
9	导线	BVR1.5mm² 铜线		若干

二、操作步骤

（1）检测调速电动机。

（2）根据图 1.47 或图 1.48 所示在控制板上安装器件和接线，要求各器件安装位置整齐、匀称、间距合理。

（3）检查安装的线路是否符合安装及控制要求。

（4）经指导教师检查合格后进行通电操作。

知识扩展——机床电气控制

机床电气控制线路包括主电路、控制电路和照明、指示等辅助电路等。图样通常采用分区的方式建立坐标，以便于阅读查找。电气控制图常采用在图的下方沿横坐标方向划分图区，并用数字标明。同时在图的上方沿横坐标方向分区，用文字标明该区的功能。

CA6140 车床电气控制线路如图 1.50 所示。主电路电源电压为 380V，QS 是总电源开关。主电路有 3 台电动机，分别是主轴电动机 M1、冷却泵电动机 M2 和刀架快速移动电动机 M3，M1、M2 和 M3 分别由接触器 KM1、KM2 和 KM3 控制。热继电器 KH1、KH2 分别作 M1 和 M2 的过载保护，因 M3 工作于点动方式，所以不需要过载保护。各电动机均有熔断器作短路保护。

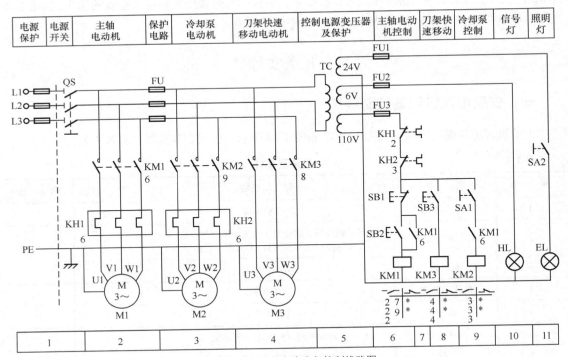

图 1.50　CA6140 车床电气控制线路图

经控制变压器 TC 降压，控制电路的电源电压为 110V，熔断器 FU3 作短路保护。SB1/SB2 为主轴电动机停止/启动按钮；SB3 为刀架快速移动按钮；SA1 为冷却泵控制手动开关。

经控制变压器 TC 降压，照明电路的电源电压为 24V，熔断器 FU1 作短路保护，SA2 为照明

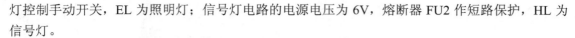

灯控制手动开关，EL 为照明灯；信号灯电路的电源电压为 6V，熔断器 FU2 作短路保护，HL 为信号灯。

CA6140 车床电气控制线路工作原理如下。

接通电源开关 QS，信号灯 HL 亮。

（1）主轴启动。按下启动按钮 SB2，接触器 KM1 通电自锁，KM1 主触头闭合，M1 通电启动。

（2）冷却泵启动。拨动开关 SA1，因 KM1 常开触头已接通，所以接触器 KM2 通电，KM2 主触头闭合，M2 通电启动。

（3）刀架快速移动。按下点动按钮 SB3，接触器 KM3 通电，KM3 主触头闭合，M3 通电启动；松开点动按钮 SB3，接触器 KM3 断电，KM3 主触头分断，M3 停止。

（4）停止。按下停止按钮 SB1，主轴、冷却泵电动机均停止工作。

（5）照明灯工作。车床工作时，接通开关 SA2，照明灯 EL 工作。

工作结束后，断开电源开关 QS，信号灯 HL 灭。

练习题

1．交流异步电动机有哪几种调速方式？

2．通常机床电气控制线路包括哪些电路？

课题二
PLC 基本指令的应用

可编程序控制器（简称 PLC）是综合应用计算机技术、自动控制技术和通信技术的工业自动化控制装置，目前广泛应用于各类工业生产设备中。PLC 的控制功能是通过用户程序实现的，用来编写用户程序的指令可分为基本指令、步进指令和功能指令三大类，其中基本指令的程序梯形图与电气控制线路类似，分析电路功能的方法也基本相同。基本指令通常包括取指令、触点串联/并联指令、线圈输出指令、置位/复位指令、定时器/计数器应用指令等。

| 任务一　PLC 基本知识与操作 |

任务引入

本任务通过 PLC 控制电动机点动运行的例子来学习 PLC 的基本知识和操作技能。图 2.1 所示为 PLC 点动控制线路，其中主电路与电气控制电路图相同，控制电路由 PLC 和交流接触器 KM 构成，PLC 输入/输出端口分配见表 2.1。

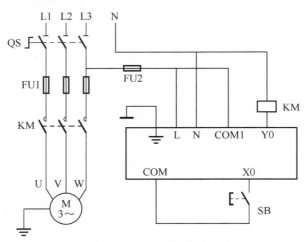

图 2.1　PLC 点动控制线路

根据点动控制要求编写的 PLC 控制程序如图 2.2 所示。图 2.2（a）所示为程序梯形图，图 2.2（b）所示为程序指令表，PLC 程序指令表由程序步、指令助记符和软元件号（或参数）构成。

表 2.1　　　　　　　　　　　PLC 点动控制输入/输出端口分配表

输　入			输　出		
输入端口	输入元件	作　用	输出端口	输出元件	作　用
X0	SB（常开按钮）	点动	Y0	KM	控制电动机

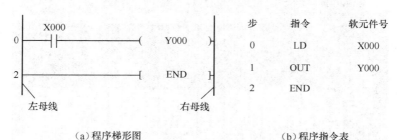

（a）程序梯形图　　　　　　　　　　　（b）程序指令表

图 2.2　PLC 点动控制程序

PLC 程序由各类软继电器或功能指令构成，梯形图左、右两条竖线分别称为左母线和右母线。常开触点 X0 与左母线连接，线圈 Y0 与右母线连接，X0 和 Y0 构成一行程序。可以将左、右母线看成"电源线"，当常开触点 X0 闭合时，便有"电流"从左母线经过触点 X0 流向线圈 Y0，称为线圈 Y0 通电；当常开触点 X0 分断时，线圈 Y0 断电。

分析系统控制功能时，必须将图 2.1 所示控制线路与图 2.2 所示程序相结合。当按下点动按钮 SB 时，PLC 的输入端口 X0 与输入公共端 COM 接通，称为输入继电器 X0 通电，程序梯形图中 X0 常开触点闭合，输出继电器 Y0 线圈通电。PLC 内部硬件继电器 Y0 线圈通电，Y0 常开触头闭合，接通输出端 Y0 与输出公共端 COM1，使接触器 KM 线圈通电（电压 220V），主电路中 KM 常开触头闭合，电动机通电启动。当松开点动按钮 SB 时，输入继电器 X0 断电，程序梯形图中 X0 常开触点分断，输出继电器 Y0 线圈断电。PLC 内部硬件继电器 Y0 常开触头分断，接触器 KM 线圈断电，主电路中 KM 常开触头分断，电动机断电停止。

相关知识

一、什么是 PLC

PLC 是可编程逻辑控制器（Programmable Logic Controller）的简称，具有逻辑和运算控制等功能。由 PLC 组成的控制系统与继电器控制系统相比较，具有以下特点。

（1）逻辑控制。继电器控制系统采用接线逻辑，而 PLC 控制系统采用编程逻辑，可以在不改变硬件接线的情况下通过修改程序来改变控制功能。

（2）以软件代替硬件。继电器控制系统要使用众多的物理继电器，而 PLC 控制系统使用"软继电器"，硬件大大减少，安装工程量小，维护方便，可靠性高。

PLC 作为新型工业控制器，与普通计算机一样，主要由 CPU、存储器、输入/输出端口和电源等部分组成。CPU 是 PLC 的逻辑运算和控制指挥中心，在系统程序的控制下，协调系统工作。存储器用来存储程序和数据，ROM 存储器中固化着系统程序，RAM 存储器中存放用户程序和工作数据，在 PLC 断电时由锂电池供电。输入/输出端口是 PLC 与外部设备交换控制信号的窗口。

二、三菱 FX 系列 PLC

三菱 FX_{2N}-48MR 产品的内部结构如图 2.3 所示。

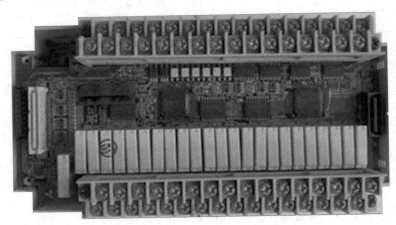

图 2.3　三菱 FX_{2N}-48MR 内部结构

FX_{2N}-32MR 产品的面板如图 2.4 所示。面板上有型号、状态指示灯、状态开关、交流电源输入端子、+24V 直流电源输出端子、输入/输出端口和 RS-422 通信接口等。

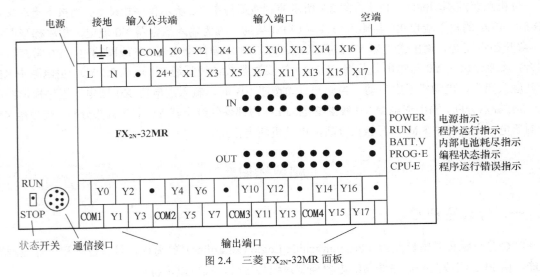

图 2.4　三菱 FX_{2N}-32MR 面板

1．FX 系列 PLC 基本单元的型号

FX 系列 PLC 的基本单元型号由字母和数字组成，其格式如图 2.5 所示。

例如，FX_{2N}-32MR 表示为 FX_{2N} 系列 PLC 的基本单元，输入/输出总点数为 32 个（其中输入端、输出端各 16 个），采用继电器输出方式。

2．状态指示灯

POWER：电源指示，当交流 220V 电源接通时灯亮。

RUN：运行指示，PLC 处于用户程序运行状态时灯亮。

图 2.5　PLC 基本单元型号

BATT.V：电池电压下降指示，电源电压过低或内部锂电池电压不足时灯亮。

PROG·E：由于忘记设置定时器、计数器的值，电路不良使程序存储器的内容有变化时，该指示灯闪烁。

CPU·E：当 PLC 内部混入导电性异物，外部异常噪声传入而导致 CPU 失控时，或者当运算周期超时 200ms 时，该指示灯亮。

IN LED：当外部输入端口电路接通时，对应的 IN LED 亮。

OUT LED：当 PLC 内部输出端口通电动作时，对应的 OUT LED 亮。

3．交流电源输入端子

L、N、⊥：分别接交流电源相线、零线和接地线。FX$_{2N}$ 系列 PLC 的额定电压为 AC 100～240V，电压允许范围为 AC 85～264V。

4．+24V 输出电源端子

+24：24V 直流电源正极。为外部传感器供电，FX-32 以下型号可输出 250mA 电流，FX-48 可输出 460mA 电流。

COM：24V 电源负极，也是输入端口的公共端子。

5．输入接口电路

三菱 PLC 的输入端用字母 X 表示，采用八进制（X0～X7，X10～X17…），FX$_{2N}$ 系列 PLC 最多可扩展 184 个输入端。输入接口电路用来接收外部开关量输入信号，其外部接线与内部电路如图 2.6 所示，按钮 SB 接在 X0 端和 COM 端之间。内部电路的主要器件是光电耦合器（简称光耦），光耦可以提高 PLC 的抗干扰能力和安全性能，进行高低电平（24V/5V）转换。输入接口电路的工作原理如下：当按钮 SB 未闭合时，光耦发光二极管不导通，光敏三极管截止，放大器输出高电平信号到内部数据处理电路，X0 指示灯灭；当按钮 SB 闭合时，光耦发光二极管导通，光敏三极管导通，放大器输出低电平信号到内部数据处理电路，X0 指示灯亮。

6．输出接口电路

三菱 PLC 的输出端用字母 Y 表示，采用八进制（Y0～Y7，Y10～Y17…），FX$_{2N}$ 系列 PLC 最多可扩展到 184 个输出端，输入/输出总点数在 256 以内。输出端的作用是控制外部负载，负载与外部电源串联，接在输出端 Y 和输出公共端（COM1，COM2…）之间。输出接口电路有继电器、晶体管和晶闸管 3 种类型，如图 2.7 所示。

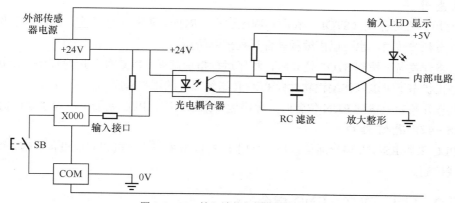

图 2.6　PLC 输入端外部接线与内部电路

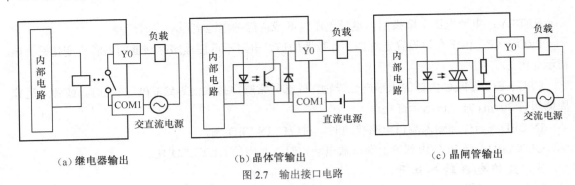

| | （a）继电器输出 | （b）晶体管输出 | （c）晶闸管输出 |

图 2.7 输出接口电路

（1）继电器输出。继电器输出可以接交直流负载，由于物理继电器开关速度低，只能满足低速控制需要，适用于对电动机的控制。继电器输出接口电路的工作原理如下：当内部电路输出为"1"时，物理继电器线圈通电，其常开触头闭合，负载通电；当内部电路输出为"0"时，物理继电器线圈断电，其常开触头分断，负载断电。

（2）晶体管输出。晶体管输出只能接直流负载，开关速度高，适合高速控制或通断频繁的场合，如输出脉冲信号或控制数码显示等。晶体管输出接口电路的工作原理如下：当内部电路输出为"1"时，光耦发光二极管有电流通过，发光，光电三极管饱和导通，负载通电；当内部电路输出为"0"时，光耦发光二极管没有电流通过，不发光，光电三极管截止，负载断电。

（3）晶闸管输出。晶闸管输出只能接交流负载，开关速度较高，适合高速控制的场合。晶闸管输出接口电路的工作原理同晶体管输出。

输出接口电路的规格见表 2.2。

表 2.2　　　　　　　　　　　　　　　　输出接口电路规格表

项　目		继电器输出	晶体管输出	晶闸管输出
负载电源		AC 250V 以下 DC 30V 以下	DC 5～30V	AC 85～242V
电路绝缘		机械绝缘	光电耦合绝缘	光电耦合绝缘
负载电流		2A/1 点 8A/4 点公用	0.5A/1 点 0.8A/4 点	0.3A/1 点 0.8A/4 点
响应时间	断→通	约 10ms	0.2ms 以下	1ms 以下
	通→断	约 10ms	0.2ms 以下	10ms 以下

7．状态开关

PLC 有用户程序停止（STOP）和用户程序运行（RUN）两种工作状态。这两种工作状态既可以通过状态开关转换，也可以由编程软件远程控制转换。

当把状态开关向下拨到 STOP 位置时，程序运行指示灯灭，PLC 处于用户程序停止状态。在用户程序停止状态下可以操作编程软件向 PLC 传送编译好的用户程序。

当把状态开关向上拨到 RUN 位置时，程序运行指示灯亮，PLC 处于用户程序运行状态。

8．RS—422 通信接口

三菱 PLC 采用 RS-422 串行通信接口，可用于 PLC 与编程计算机或其他设备通信，以实现对 PLC 编程或控制。

三、LD、LDI、OUT、END 指令

LD、LDI、OUT、END 指令的助记符、逻辑功能等指令属性见表 2.3。

表 2.3　　　　　　　　　　　LD、LDI、OUT、END 指令

助 记 符	逻辑功能	电路表示	操作元件	程 序 步
LD	取常开触点状态	常开触点与左母线连接	X、Y、M、S、T、C	1
LDI	取常闭触点状态	常闭触点与左母线连接	X、Y、M、S、T、C	1
OUT	线圈输出	驱动线圈输出	Y、M、S、T、C	不定
END	程序结束		无	1

注：不定是指输出到 Y、M 均为 1 步、特 M 为 2 步、T 为 3 步、C 为 3～5 步。

（1）LD 是从左母线取常开触点的指令，LDI 是从左母线取常闭触点的指令。

（2）OUT 是对输出端口 Y、辅助继电器 M、状态寄存器 S、定时器 T、计数器 C 的线圈进行驱动的指令。OUT 指令可以连续使用多次，相当于电路中多个线圈的并联形式。

（3）END 是程序结束指令。

任务实施

一、连接 PLC 点动控制线路

PLC 点动控制线路如图 2.1 所示，使用工具及器材见表 2.4。

表 2.4　　　　　　　　　　　工具、器材及软件

序 号	名 称	型号与规格	单 位	数 量
1	三相交流电源	～3×380V	处	1
2	电工通用工具	验电笔、钢丝钳、螺丝刀、电工刀、尖嘴钳等	套	1
3	低压开关	组合开关一只（HZ10 系列）	只	1
4	低压熔断器	RL1 系列，60A	个	3
5	低压熔断器	RL1 系列，5A	个	1
6	按钮	LA10-2H	个	1
7	接触器	CJ10-10（线圈电压 220V）	个	1
8	电动机	根据实习设备自定	台	1
9	PLC	FX_{2N} 系列，继电器输出	台	1
10	编程电缆	SC-09，RS-232C/RS-422	条	1
11	导线	BVR 1.5mm² 铜线		若干
12	计算机	已安装编程软件 GX-Developer 8.86	台	1

（1）断开电源，连接图 2.1 所示的 PLC 点动控制电路。点动按钮 SB 连接 PLC 输入端 X0，接触器 KM 线圈连接输出端 Y0。

（2）按图 2.8 所示用 SC-09 编程电缆连接计算机串行口 COM1 和 PLC 通信口 RS-422，并将计算机串行口和 PLC 编程软件的波特率均设置为 9600bit/s。

接线注意事项如下。

① 要认真核对 PLC 的电源规格。不同厂家、类型的 PLC 使用电源可能大不相同。FX_{2N} 系列 PLC 额定工作电压为交流 100～240V。交流电源必须接于专用端子上，如果接在其他端子上，就会烧坏 PLC。

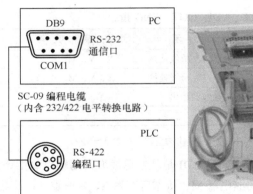

图 2.8　PLC 与计算机通信电缆连接

② 直流电源输出端 24+，是为外部传感器供电，该端子不能与其他外部 24V 电源并接。

③ 空端子 "·" 上不能接线，以防止损坏 PLC。

④ 接触器应选择线圈额定电压为交流 220V 或以下（对应继电器输出型的 PLC）。

⑤ PLC 不要与电动机公共接地。

⑥ 在实习中，PLC 和负载可共用 220V 电源；在实际生产设备中，为了抑制干扰，常用隔离变压器（380V/220V 或 220V/220V）为 PLC 单独供电。

二、编写点动控制程序

计算机配套相应的编程软件后，便可以对不同类型或型号的 PLC 进行编程。编程软件可以使用梯形图或指令表编程，还可以对程序进行仿真测试或运行监控，存储、修改和传送程序也非常方便。目前三菱 PLC 编程软件的较新版本为 GX-Developer 8.86。

1．打开编程软件

启动计算机，单击 PLC 编程软件 GX-Developer 8.86 的安装文件 "setup.exe"，安装后单击桌面快捷图标 "GX Developer"，进入编程软件初始界面，如图 2.9 所示。

2．创建新工程

单击菜单栏 "工程" → "创建新工程"，出现如图 2.10 所示的对话框，按要求选择 "PLC 系列" "PLC 类型" 和 "程序类型"。例如，选择 PLC 系列为 FXCPU，PLC 类型为 FX2N（C），程序类型默认为梯形图逻辑，然后单击 "设置工程名"，选择工程保存路径和工程名，单击 "确定"，出现图 2.11 所示的编程主界面窗口。

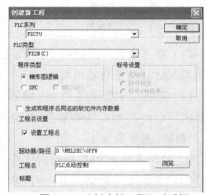

图 2.9　GX Developer 初始界面　　　　　图 2.10　"创建新工程" 对话框

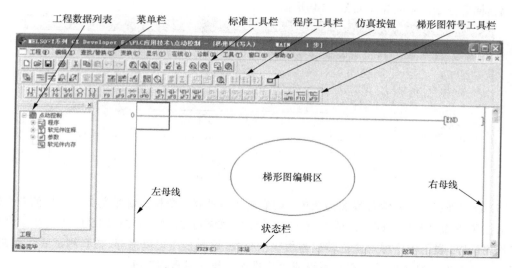

图 2.11 GX-Developer 8.86 编程主界面

3. 梯形图程序编辑

（1）单击标准工具栏的 ![icon] 按钮或按 F2 功能键，进入写入模式。

（2）单击梯形图符号工具栏的 ![icon] 按钮或按 F5 功能键，出现图 2.12 所示的触点输入对话框，在对话框中输入 X0 后，单击确定按钮或按回车键。

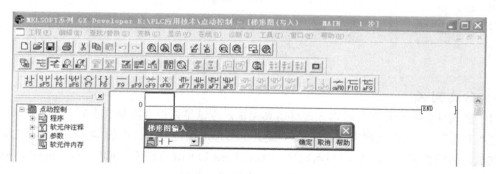

图 2.12 触点输入对话框

（3）单击梯形图符号工具栏的 ![icon] 按钮或按 F7 功能键，出现图 2.13 所示的输出线圈对话框，在对话框中输入 Y0 后，单击确定按钮或按回车键。

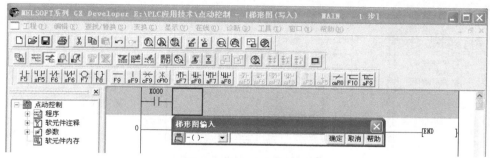

图 2.13 输出线圈对话框

（4）梯形图输入完成界面如图 2.14 所示。

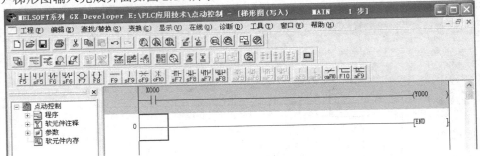

图 2.14　程序输入完成界面

（5）程序变换。此时编程界面为灰色，还必须进行变换。变换方法是单击菜单栏的"变换"，选择下拉菜单的"变换"即可，或者按 F4 功能键。变换后的画面如图 2.15 所示，在左母线处出现程序步序，表示程序梯形图已转换为程序指令表，这时程序可以保存、仿真测试或写入 PLC。若程序不能变换，则说明程序存在逻辑或语法错误，修正后重新变换。

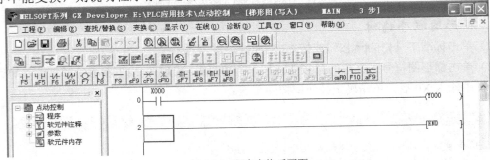

图 2.15　程序变换后画面

4．仿真测试

对于新设计的用户程序，可以先进行仿真测试，测试结果符合控制要求后再写入 PLC。单击菜单栏"工具"→"梯形图逻辑测试启动"，或者单击梯形图符号工具栏的 □ 按钮，即可启动 PLC 仿真测试，如图 2.16 所示。程序写入完毕，"LADDER LOGIC TEST TOOL"对话框中的 RUN 为黄色，且光标为蓝色，如图 2.17 所示，表示程序已进入测试状态。

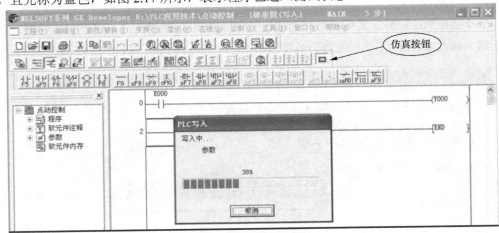

图 2.16　梯形图逻辑测试启动画面

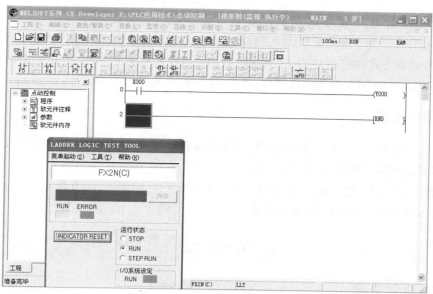

图 2.17　程序监控画面

　　单击鼠标右键，选择"软元件测试"，先在图 2.18 所示的"软元件测试"对话框中填入待测试元件编号 X0，然后单击"强制 ON"按钮，则 X0 和 Y0 同时变成蓝色，表明当 X0 状态为 ON 时，Y0 状态也为 ON；当 X0 状态为 OFF 时，Y0 状态也为 OFF，测试结果表明程序符合点动控制要求。

5. 将用户程序写入 PLC

　　仿真结束后，可把程序写入 PLC。单击菜单栏"在线"→"PLC 写入"，或者单击梯形图符号工具栏的 ![](按钮，出现图 2.19 所示的对话框，选择程序（或程序+参数），单击"执行"按钮即可写入 PLC。

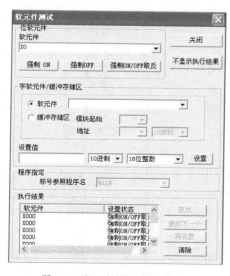

图 2.18　软元件测试选择画面

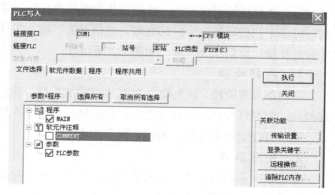

图 2.19　程序写入 PLC 对话框

6. 程序监控

　　单击菜单栏"在线"→"监视"→"监视开始"，或按 F3 功能键进入程序监控状态，可以在计算机屏幕上显示软元件的工作状态或数值参数，有助于分析和处理程序问题。

7．远程控制用户程序运行

在实习操作中，为了避免反复拨动工作状态开关，可以将工作状态开关始终拨到运行（RUN）状态，用远程控制方式决定 PLC 的工作状态。按编程软件提示单击确认，在写入用户程序时，控制 PLC 处于停止（STOP）状态；程序写入后，控制 PLC 返回运行（RUN）状态。

三、操作步骤

（1）按下按钮 SB，输入端口 X0 通电（X0 LED 点亮），输出端口 Y0 通电（Y0 LED 点亮），交流接触器 KM 通电，电动机 M 通电运行。

（2）松开按钮 SB，输入端口 X0 断电（X0 LED 熄灭），输出端口 Y0 断电（Y0 LED 熄灭），交流接触器 KM 断电，电动机 M 断电停止。

知识扩展

一、PLC 的分类

PLC 按结构可分为整体式和模块式。整体式的 PLC 也称为 PLC 的基本单元，在基本单元的基础上可以加装扩展模块以扩大使用范围。整体式的 PLC 具有结构紧凑、体积小、价格低的优势，适合于常规电气控制。模块式的 PLC 是把 CPU、输入接口、输出接口等做成独立的单元模块，具有配置灵活、组装方便的优势，适合于输入/输出点数差异较大的控制系统。

PLC 按输入/输出接口（I/O 接口）点数的多少可分为微型机、小型机、中型机和大型机。I/O 点数小于 64 点为微型机；I/O 点数在 64～128 点为小型机；I/O 点数在 129～512 点为中型机；I/O 点数在 512 点以上为大型机。PLC 的 I/O 接口数越多，其存储容量也越大，价格也越贵，因此，在设计程序时应尽量减少使用 I/O 接口的数目。

二、PLC 的循环扫描工作方式

当 PLC 的状态开关置于 RUN 位置时，PLC 即进入程序运行状态。在程序运行状态下，PLC 工作于循环周期扫描工作方式。每一个扫描周期分为内部处理、通信服务、输入采样、程序执行和输出刷新 5 个阶段，如图 2.20 所示。

1．内部处理

在内部处理阶段，首先确定 PLC 硬件的完好性，若硬件出现故障，则亮灯报警，同时终止用户程序执行。若硬件没有故障，则将监控定时器复位，同时执行下一步。

2．通信服务

在通信服务阶段，主要是检查 PLC 是否与外设有通信请求，如果有则进行相应的处理。

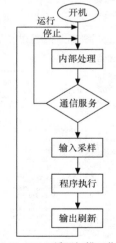

图 2.20　PLC 循环扫描工作方式

3．输入采样

在输入采样阶段，PLC 的 CPU 读取每个输入端（X）的状态，采样结束后，存入输入数据寄存器，作为程序执行的条件。

4．程序执行

在程序执行阶段，CPU 从用户程序的第 0 步开始，到 END 步结束，顺序地逐条扫描用户程序，同时进行逻辑运算和处理（即前条指令的逻辑结果影响后条指令），最终运算结果存入输出数据寄存器。

5．输出刷新

在输出刷新阶段，CPU 将输出数据寄存器的数据写入输出锁存器，同时改变所有输出端（Y）的状态。

在程序执行和输出刷新阶段，即使输入状态发生变化，程序也不读入新的输入数据，这样增强了 PLC 的抗干扰能力和程序执行的可靠性。

6．PLC 扫描周期的时间

PLC 扫描周期的时间与 PLC 的类型和程序指令语句的长短有关，通常一个扫描周期为几十毫秒，最长不超过 200ms，否则监控定时器报警。由于 PLC 的扫描周期很短，所以从操作上感觉不出来 PLC 的延迟。

7．PLC 工作方式与继电器工作方式的比较

PLC 工作方式与继电器工作方式有本质的不同。继电器属于并联工作方式，当控制线路通电时，所有的负载（继电器线圈）可以同时通电，与负载在控制线路中的位置无关。

PLC 属于逐条读取指令、逐条执行指令的顺序扫描工作方式，先被扫描的软继电器先动作，并且影响后被扫描的软继电器，即与软继电器在程序中的位置有关，在编程时要掌握和利用这个特点。

练习题

1．PLC 输入端口有什么作用？PLC 输入端内部电路为什么用光电耦合器？

2．PLC 输出端口有什么作用？PLC 输出有哪几种形式？各适用于什么性质的负载？

3．输入端口、输出端口中存在 X8、X9 或 Y8、Y9 地址编码吗？

4．PLC 面板上的 LED 指示灯分别表示什么状态？

5．将按钮 SB 接 PLC 的输入端口 X10，指示灯 HL 接输出端口 Y10，控制要求为：按下 SB 时，HL 灯亮；松开 SB 时，HL 灯灭。

（1）绘出控制电路图。

（2）写出输入/输出端口分配表。

（3）设计程序梯形图和指令表。

任务二　应用 PLC 实现电动机自锁控制

任务引入

PLC 自锁控制线路如图 2.21 所示，其输入/输出端口分配见表 2.5。

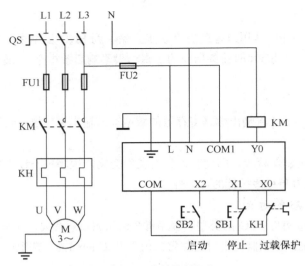

图 2.21　PLC 自锁控制线路

表 2.5　　　　　　　　　　　PLC 自锁控制输入/输出端口分配表

输　　　入			输　　　出		
输入端口	输入器件	作　　用	输出端口	输出器件	作　　用
X0	KH（常闭触头）	过载保护	Y0	接触器 KM	控制电动机
X1	SB1（常闭按钮）	停止			
X2	SB2（常开按钮）	启动			

相关知识

PLC 程序中触点串、并联指令和继电器置位/复位指令等指令属性见表 2.6。

表 2.6　　　　　　　　　　AND、ANI、OR、ORI、SET、RST 指令

助　记　符	逻辑功能	电路表示	操作元件	程序步
AND	与	串联一个常开触点	X、Y、M、S、T、C	1
ANI	与非	串联一个常闭触点	X、Y、M、S、T、C	1
OR	或	并联一个常开触点	X、Y、M、S、T、C	1
ORI	或非	并联一个常闭触点	X、Y、M、S、T、C	1
SET	置位	线圈保持通电状态	Y、M、S	不定
RST	复位	线圈保持断电状态	Y、M、S、T、C、D、V、Z	不定
ZRST	区间复位		Y、M、S、T、C、D	5

（1）AND 和 ANI 是单个触点串联指令，串联触点的个数没有限制，可以多次重复使用。

（2）OR 和 ORI 是单个触点并联指令，并联触点的个数没有限制。

（3）被 SET 指令置位的继电器只能用 RST 指令才能复位。RST 指令对数据寄存器 D、变址寄存器 V 和 Z 清零；对累计定时器 T 和计数器 C 的当前值寄存器清零。

（4）区间复位指令是将操作元件指定的区间元件全部复位。例如，指令语句"ZRST　Y0　Y3"将输出端口 Y0、Y1、Y2、Y3 全部复位为断电状态。

任务实施

一、连接 PLC 自锁控制线路

PLC 自锁控制线路如图 2.21 所示，使用工具及器材见表 2.7。

表 2.7　　　　　　　　　　　　　工具、器材及软件

序　号	名　　称	型号与规格	单　位	数　量
1	三相交流电源	～3×380V	处	1
2	电工通用工具	验电笔、钢丝钳、螺丝刀、电工刀、尖嘴钳等	套	1
3	低压开关	组合开关一只（HZ10 系列）	只	1
4	低压熔断器	RL1 系列，60A	个	3
5	低压熔断器	RL1 系列，5A	个	1
6	按钮	LA10-3H	个	1
7	接触器	CJ10-10（线圈电压 220V）	个	1
8	热继电器	JRS 系列（根据电动机自定）	个	1
9	电动机	根据实习设备自定	台	1
10	PLC	FX$_{2N}$ 系列，继电器输出	台	1
11	编程电缆	SC-09，RS-232C/RS-422	条	1
12	导线	BVR 1.5mm² 铜线		若干
13	计算机	已安装编程软件 GX-Developer 8.86	台	1

二、编写 PLC 自锁控制程序

1. 自锁控制程序一

根据自锁控制要求，结合 PLC 输入/输出端口分配表，应用触点串、并联指令编写的电动机自锁控制程序如图 2.22 所示，程序工作原理如下。

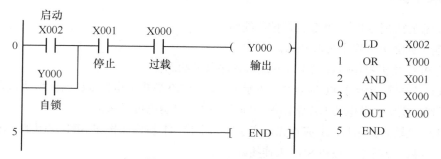

图 2.22　电动机自锁控制程序一

（1）开机准备。当 PLC 置于程序运行状态时，由于输入端口 X0 和 X1 外接的热继电器和按钮都是常闭触头，所以输入端口 X0 和 X1 均通电，程序中常开触点 X0 和 X1 均闭合，为输出端口 Y0 线圈通电做好准备。

（2）启动。当按下启动按钮 SB2 时，程序中 X2 常开触点闭合，输出端口 Y0 线圈通电，Y0 常开触点自锁，当松开启动按钮 SB2 后，Y0 线圈仍保持通电状态。

（3）停止。当按下停止按钮 SB1 时，输入端口 X1 断电，程序中 X1 常开触点分断，输出端口 Y0 线圈断电，并解除自锁。

（4）过载保护。当发生电动机过载时，热继电器的常闭触头 KH 断开，输入端口 X0 断电，

程序中 X0 常开触点分断，输出端口 Y0 线圈断电，并解除自锁，起到过载保护作用。

2. 电动机自锁控制程序二

应用置位/复位指令编写的电动机自锁控制程序如图 2.23 所示，程序工作原理如下。

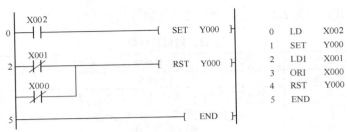

图 2.23　电动机自锁控制程序二

（1）开机准备。当 PLC 置于程序运行状态时，由于停止按钮 SB1 和热继电器 KH 使用其常闭触头，所以输入端口 X0 和 X1 通电，程序中常闭触点 X0 和 X1 断开，不执行复位指令。

（2）启动。当按下启动按钮 SB2 时，程序中 X2 常开触点闭合，执行置位指令语句"SET Y0"，Y0 线圈通电。即使松开 SB2，X2 常开触点分断，但 Y0 仍保持通电状态。

（3）停止。当按下停止按钮 SB1 时，输入端口 X1 断电，程序中 X1 常闭触点闭合，执行复位指令语句"RST　Y0"，输出端口 Y0 线圈断电并保持。

（4）过载保护。当电动机过载时，热继电器 KH 的常闭触头分断，X0 断电，程序中 X0 的常闭触点闭合，执行复位指令语句"RST　Y0"，输出端口 Y0 线圈断电，起到过载保护作用。出现过载保护情况后，必须排除故障后才能重新启动电动机，否则即使按下启动按钮，电动机也不会启动。

三、操作步骤

（1）按图 2.21 所示连接 PLC 自锁控制线路。

（2）将图 2.22 所示程序写入 PLC。

（3）使 PLC 处于程序运行状态，并进入程序监控状态。

（4）PLC 上输入指示灯 X0 应点亮，表示输入端口 X0 被热继电器 KH 常闭触头接通。如果指示灯 X0 不亮，说明热继电器 KH 常闭触头断开，热继电器已过载保护。

（5）PLC 上输入指示灯 X1 应点亮，表示输入端口 X1 被停止按钮 SB1 常闭触头接通。如果指示灯 X1 不亮，说明停止按钮 SB1 未连接好。

（6）按启动按钮 SB2，输出端口 Y0 通电自锁，交流接触器 KM 通电，电动机 M 通电运行。

（7）按停止按钮 SB1，输出端口 Y0 断电解除自锁，交流接触器 KM 断电，电动机 M 断电停止。

（8）将图 2.23 所示程序写入 PLC，重新操作步骤（6）和步骤（7）。

知识扩展——多地控制

多地控制是指在多个地方控制同一台电动机的启动与停止。图 2.24 所示为两地控制一台电动机的输入端接线图和 PLC 程序。两地启动按钮并联接入输入端 X2，两地停止按钮串联接入输入端 X1，热继电器 KH 的常闭触点接入输入端 X0，输出端为 Y0。同理不难设计出多于两地的控制程序。

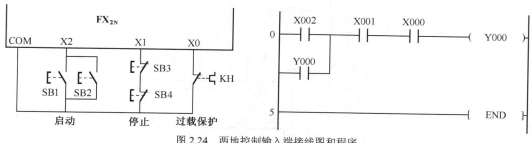

图 2.24　两地控制输入端接线图和程序

练习题

1. 说明 AND 指令与 ANI 指令的区别。
2. 说明 OR 指令与 ORI 指令的区别。
3. 为什么在 PLC 控制系统中，停止按钮和热继电器要使用其常闭触头？
4. 在电动机多地控制中，如何连接各地的启动按钮和停止按钮？
5. 写出图 2.25 所示程序梯形图的指令表，指出程序梯形图中的启动触点、停止触点、自锁触点和联锁触点。

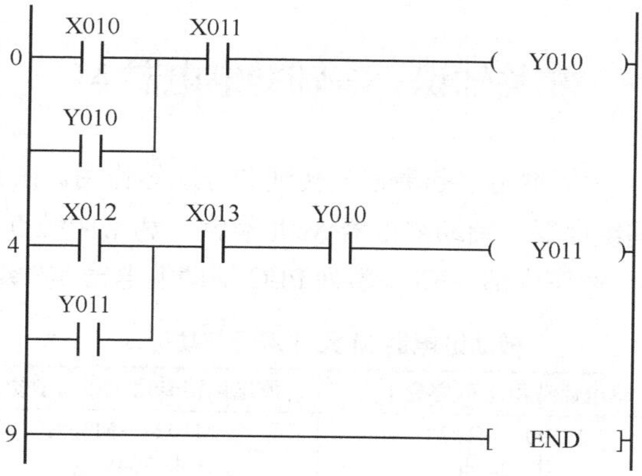

图 2.25　练习题 5

任务三　应用 PLC 实现点动与自锁混合控制

任务引入

在实际生产中，除连续运行控制外，常常还需要用点动控制来调整工艺状态。图 2.26 所示为 PLC 点动自锁混合控制线路，其输入/输出端口分配见表 2.8。

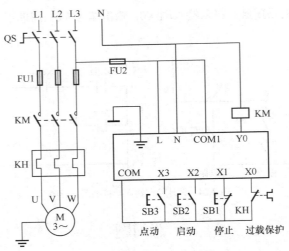

图 2.26　点动自锁混合控制线路

表 2.8　　　　　　　　　　　　　输入/输出端口分配表

输　入			输　出		
输入端口	输入元件	作　用	输出端口	输出元件	作　用
X0	KH（常闭触头）	过载保护	Y0	接触器 KM	控制电动机
X1	SB1（常闭按钮）	停止			
X2	SB2（常开按钮）	启动			
X3	SB3（常开按钮）	点动			

相关知识——辅助继电器 M

在继电器控制系统中，中间继电器起着信号传递和分配等作用。在 PLC 控制程序中，辅助继电器 M 的作用类似于中间继电器。辅助继电器 M 也有常开和常闭触点，但是这些触点不能直接驱动外部负载，只能使用于程序内部。FX$_{2N}$ 系列 PLC 辅助继电器元件编号与功能见表 2.9。

表 2.9　　　　　　　　　　　　辅助继电器 M 元件编号与功能表

通　用	停电保持用（可变更）	停电保持专用（不可变更）	特　殊　用
M0～M499 共 500 点	M500～M1023 共 524 点	M1024～M3071 共 2048 点	M8000～M8255 共 256 点

停电保持辅助继电器在 PLC 断电之后，会记忆断电之前的状态，下次运行时再现原状态（利用 PLC 内部电池供电，保持停电前的状态）。

以下列出几个常用的特殊辅助继电器，例如：

M8000：运行监控，PLC 运转时始终保持接通（ON）状态；

M8002：初始脉冲，PLC 由停止状态（STOP）转为运行状态（RUN）的瞬时接通一个扫描周期；

M8011：周期 10ms 方波振荡脉冲；

M8012：周期 100ms 方波振荡脉冲；

M8013：周期 1s 方波振荡脉冲；

M8014：周期 1min 方波振荡脉冲。

任务实施

一、编写点动与自锁混合控制程序

根据点动自锁控制要求,结合 PLC 输入/输出端口分配表,使用辅助继电器 M 编写的电动机点动与自锁混合控制程序如图 2.27 所示,程序工作原理如下。

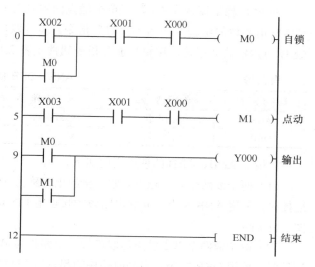

（1）开车准备。当 PLC 置于程序运行状态时,由于热继电器 KH 和停止按钮均使用其常闭触头,所以输入端口 X0 和 X1 通电,程序中 X0 和 X1 的常开触点均闭合,为电动机通电做好准备。

（2）自锁控制。当按下启动按钮 SB2 时,程序中 X2 常开触点闭合,M0 线圈通电自锁,M0 常开触点闭合,输出端口 Y0 线圈通电,电动机运转。当按下停止按钮 SB1 时,输入端口 X1 断电,程序中 X1

图 2.27　点动与自锁混合控制程序

常开触点断开,M0 线圈断电解除自锁,输出端口 Y0 线圈断电,电动机停止。

（3）点动控制。当按下点动按钮 SB3 时,程序中 X3 常开触点闭合,M1 线圈通电,M1 常开触点闭合,输出端口 Y0 线圈通电,电动机运转。当松开 SB3 时,M1 线圈断电,M1 常开触点分断,输出端口 Y0 线圈断电,电动机停止。

（4）过载保护。当电动机过载时,热继电器 KH 的常闭触头分断,X0 线圈断电,程序中 X0 的常开触点断开,M0、M1 线圈都断电,输出端口 Y0 线圈断电,电动机停止。

将点动与自锁混合控制程序与课题一任务四中点动与自锁混合控制线路相比较,可看出它们的设计思路有以下不同点。

（1）在设计电气控制线路时,为了降低硬件费用,应尽量少用继电器或接触器;而在 PLC 程序设计中,为了控制关系清晰,则可以较多地使用软继电器。

（2）在电气控制线路中,同一个器件的常开触头或常闭触头是不能同时动作的,即有时间上的延迟;而在 PLC 程序中,同一个软器件的常开触点或常闭触点是同时动作的,没有时间延迟,所以按点动与自锁混合控制线路来设计相应的 PLC 程序并不能实现控制功能。

二、操作步骤

（1）按图 2.26 所示连接点动与自锁混合控制线路。

（2）将图 2.27 所示程序写入 PLC。

（3）使 PLC 处于运行状态,并进入程序监控状态。

（4）PLC 上输入指示灯 X0 应点亮,表示输入端口 X0 被热继电器 KH 常闭触头接通。

（5）PLC 上输入指示灯 X1 应点亮,表示输入端口 X1 被停止按钮 SB1 常闭触头接通。

（6）按下启动按钮 SB2，电动机应通电运转；按下停止按钮 SB1，电动机应停止。

（7）按下点动按钮 SB3，电动机应通电运转；松开点动按钮 SB3，电动机应停止。

知识扩展——电路块串并联指令

在 PLC 梯形图程序中，除了单个触点的串联与并联形式外，还有电路块的串联与并联形式，对串联电路块的编程要应用"块与"指令，对并联电路块的编程要应用"块或"指令。块指令 ANB、ORB 的助记符、逻辑功能等指令属性见表 2.10。

表 2.10   ANB、ORB 指令

助 记 符	逻 辑 功 能	电 路 表 示	操 作 元 件	步 数
ANB	块的串联	触点后串联一个电路块	无	1
ORB	块的并联	触点并联一个电路块	无	1

块指令 ANB、ORB 的使用说明如下。

（1）两个或两个以上触点并联连接的电路称为并联电路块。当并联电路块与前面的电路串联连接时，使用 ANB 指令。并联电路块的起点用 LD 或 LDI 指令，并联结束后使用 ANB 指令，如图 2.28 所示。

（2）两个或两个以上触点串联连接的电路称为串联电路块。当串联电路块与前面的电路并联连接时，使用 ORB 指令。串联电路块的起点用 LD 或 LDI 指令，串联结束后使用 ORB 指令，如图 2.29 所示。

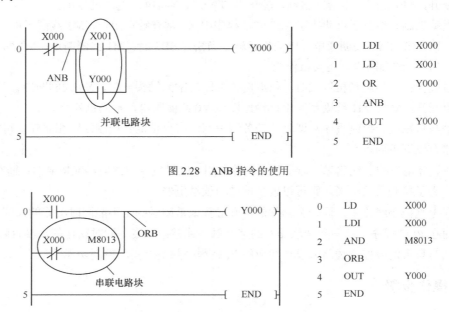

图 2.28 ANB 指令的使用

图 2.29 ORB 指令的使用

练习题

1. 试说明辅助继电器 M 与输出端 Y 的异同。

2．什么叫并联电路块？当并联电路块与前面的电路串联连接时，使用什么指令？

3．什么叫串联电路块？当串联电路块与前面的电路并联连接时，使用什么指令？

4．试修改如图 2.28 所示程序，在不改变逻辑功能的情况下不使用 ANB 指令。

5．试修改如图 2.29 所示程序，在不改变逻辑功能的情况下不使用 ORB 指令。

6．某台设备电气接线图如图 2.30 所示，两台电动机分别受接触器 KM1、KM2 控制。控制要求是：两台电动机均可单独启动和停止；如果发生过载，则两台电动机均停止。第 1 台电动机的启动/停止控制端口是 X2/X1，第 2 台电动机的启动/停止控制端口是 X4/X3，过载保护端口是 X5。试编写 PLC 控制程序。

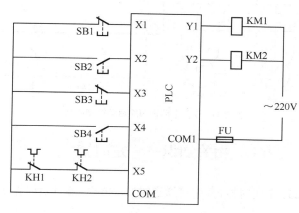

图 2.30　练习题 6

|任务四　应用 PLC 实现顺序启停控制|

任务引入

通常生产设备往往需要多台电动机进行驱动，各台电动机的启动顺序由生产工艺决定。例如，某生产设备有 3 台电动机，生产工艺要求是：按下启动按钮，第 1 台电动机 M1 启动；运行 4s 后，第 2 台电动机 M2 启动；再运行 15s 后，第 3 台电动机 M3 启动。按下停止按钮，3 台电动机全部停止。输入/输出端口分配见表 2.11，PLC 控制线路如图 2.31 所示。

表 2.11　　　　　　　　　　　　　　输入/输出端口分配表

输　入			输　出		
输入端口	输入元件	作　用	输出端口	输出元件	控制对象
X0	KH1、KH2、KH3	过载保护	Y0	接触器 KM1	M1
X1	SB1（常闭按钮）	停止	Y1	接触器 KM2	M2
X2	SB2（常开按钮）	启动	Y2	接触器 KM3	M3

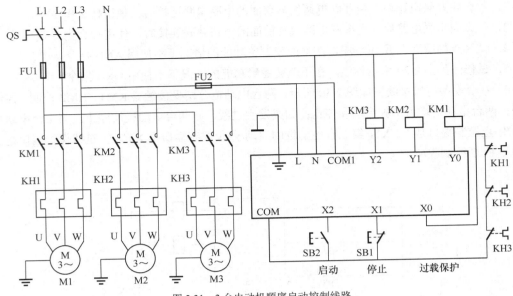

图 2.31　3 台电动机顺序启动控制线路

相关知识——定时器

FX$_{2N}$ 系列 PLC 有 256 个定时器，其中普通定时器 246 个，累计定时器 10 个，地址编号为 T0～T255，见表 2.12。

表 2.12　　　　　　　　　　　　定时器分类

类　型	定时器名称	编号范围	点　数	计时范围
普通定时器	100ms 定时器	T0～T199	200	0.1～3276.7s
	10ms 定时器	T200～T245	46	0.01～327.67s
累计定时器	1ms 累计定时器	T246～T249	4	0.001～32.767s
	100ms 累计定时器	T250～T255	6	0.1～3276.7s

定时器 T 的使用说明如下所述。

（1）定时器是根据时钟脉冲累计计时的，时钟脉冲周期有 1ms、10ms、100ms 3 种规格。

（2）每个定时器都有一个设定值寄存器，一个当前值寄存器。这些寄存器都是 16 位（数值范围为 1～32767），定时器的延时时间为设定值乘以时钟脉冲周期。

（3）每个定时器都有一个常开和常闭触点，在程序中可以无限次使用，延时时间到其常开触点闭合，常闭触点断开。

任务实施

一、编写 3 台电动机顺序启动控制程序

3 台电动机顺序启动控制程序如图 2.32 所示，程序工作原理如下。

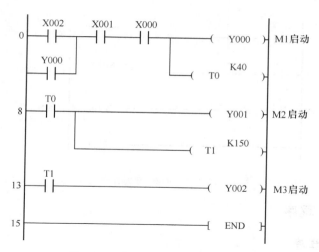

图 2.32 3 台电动机顺序启动控制程序

（1）顺序启动。按下启动按钮 SB2，程序中 X2 常开触点闭合，Y0 线圈通电自锁，电动机 M1 启动。同时定时器 T0 通电延时，4s 后 T0 常开触点闭合，Y1 线圈通电，M2 启动。同时定时器 T1 通电延时，15s 后 T1 常开触点闭合，Y2 线圈通电，M3 启动，完成 3 台电动机顺序启动过程。

（2）停止。按下停止按钮 SB1 时，程序中 X1 常开触点断开，输出端口 Y0 线圈断电解除自锁，同时定时器 T0、T1 断电，使 Y1、Y2 线圈断电，3 台电动机同时停止。

（3）过载保护。热继电器 KH1、KH2、KH3 的常闭触头串联接入输入端口 X0，在未发生过载情况时，X0 线圈通电，程序中 X0 的常开触点闭合，为正常工作提供条件；当任一台电动机发生过载时，X0 断电，程序中 X0 的常开触点断开，输出端口 Y0 线圈断电，同时 T0、T1 常开触点断开，使 Y1、Y2 线圈断电，3 台电动机同时停止。

二、操作步骤

（1）按图 2.31 所示连接 3 台电动机顺序启动控制线路。

（2）将图 2.32 所示程序写入 PLC。

（3）使 PLC 处于运行状态，并进入程序监控状态。

（4）PLC 上输入指示灯 X0 应点亮，表示热继电器 KH1、KH2、KH3 工作正常；输入指示灯 X1 应点亮，表示停止按钮接入正常。

（5）按下启动按钮 SB2，3 台电动机应按控制要求顺序启动。

（6）按下停止按钮 SB1，3 台电动机应同时停止。

知识扩展

一、长延时程序

FX$_{2N}$ 系列 PLC 的定时器最长延时时间为 3276.7s，如果需要更长延时时间，可采用多个定时器串联延时。图 2.33 所示为两个定时器串联延时 5000s 的程序。

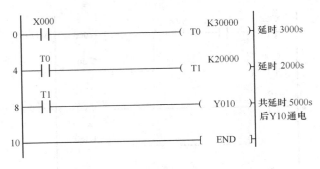

图 2.33　5000 s 延时程序

二、脉冲产生程序

1．固定脉冲程序

FX_{2N} 系列 PLC 的特殊辅助继电器 M8011～M8014 可以分别产生占空比为 1/2、脉冲周期为 10ms、100ms、1s 和 1min 的时钟信号，在需要时可以直接应用。如图 2.34 所示的梯形图中，用 M8013 的常开触点控制辅助继电器 M0。

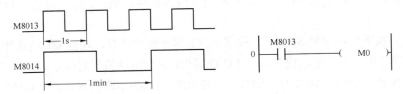

图 2.34　特殊辅助继电器 M8013、M8014 的波形及 M8013 的应用

2．任意周期的脉冲程序

在实际应用中也可以组成振荡电路产生任意周期的脉冲信号。例如，图 2.35 所示程序产生周期为 15s、脉冲持续时间为一个扫描周期的信号。

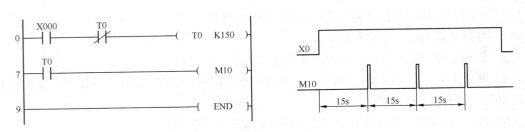

图 2.35　产生周期为 15s 的脉冲信号

3．占空比可调的脉冲程序

如果产生一个占空比可调的任意周期的脉冲信号则需要两个定时器，脉冲信号的低电平时间为 10s，高电平时间为 20s 的程序如图 2.36（a）所示。当 X0 接通时，T0 线圈通电延时，Y0 断电；T0 延时 10s 时间到，T0 触点闭合，Y0 通电，T1 线圈通电延时；T1 延时 20s 时间到，T1 触点断开，T0 线圈断电复位，Y0 断电。T1 线圈断电复位，T1 触点闭合，T0 线圈再次通电延时。因此，输出端口 Y0 周期性通电 20s、断电 10s。各元件的动作时序如图 2.36（b）所示。

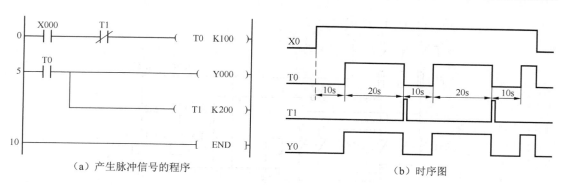

（a）产生脉冲信号的程序　　　　　　　　　　（b）时序图

图 2.36　脉冲程序与时序图

练习题

1. 某设备有两台电动机，控制要求如下：按下启动按钮，电动机 M1 启动；20s 后 M2 启动；M2 启动 1min 后 M1 和 M2 自动停止；若按下停止按钮，两台电动机立即停止。

（1）绘出控制电路图。

（2）写出输入/输出端口分配表。

（3）编写控制程序。

2. 某设备有一台大功率主电动机 M1 和一台为 M1 风冷降温的电动机 M2，控制要求如下：按下启动按钮，两台电动机同时启动；按下停止按钮，主电动机 M1 立即停止，冷却电动机 M2 延时 5min 后自动停止。

（1）绘出控制电路图。

（2）写出输入/输出端口分配表。

（3）编写控制程序。

| 任务五　应用 PLC 实现正反转控制 |

任务引入

电动机正反转控制要求是：按下正转按钮，电动机正转；按下反转按钮，电动机反转，按下停止按钮，电动机停止。输入/输出端口分配见表 2.13，电动机正反转控制线路如图 2.37 所示。

表 2.13　　　　　　　　　　　　　　　　输入/输出端口分配表

输　入			输　出		
输入端口	输入元件	作　用	输出端口	输出元件	作　用
X0	KH（常闭触头）	过载保护	Y0	接触器 KM1	正转
X1	SB1（常闭按钮）	停止	Y1	接触器 KM2	反转
X2	SB2（常开按钮）	正转			
X3	SB3（常开按钮）	反转			

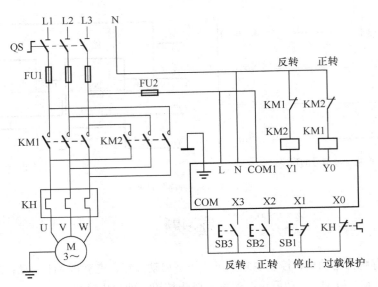

图 2.37　电动机正反转控制线路

对于不能同时处于通电工作状态的接触器，如正反转接触器，必须要有接触器常闭触头的硬件联锁，仅依靠程序软件联锁是不够的。因为 PLC 在输出刷新阶段，正转接触器的断开（闭合）与反转接触器的闭合（断开）是同时进行的，如果没有接触器硬件联锁，易发生电源短路事故。

相关知识——脉冲指令

脉冲指令的助记符、逻辑功能等指令属性见表 2.14。

表 2.14　　　　　　　　LDP、LDF、ANDP、ANDF、ORP、ORF 指令

助　记　符	逻　辑　功　能	电　路　功　能	操作元件	步　　数
LDP	取脉冲上升沿	上升沿时接通一个扫描周期	X、Y、M、S、T、C	2
LDF	取脉冲下降沿	下降沿时接通一个扫描周期		
ANDP	与脉冲上升沿检测	上升沿时接通一个扫描周期		
ANDF	与脉冲下降沿检测	下降沿时接通一个扫描周期	X、Y、M、S、T、C	2
ORP	或脉冲上升沿检测	上升沿时接通一个扫描周期		
ORF	或脉冲下降沿检测	下降沿时接通一个扫描周期		

脉冲指令的使用说明如下。

（1）LDP 指令监视取元件的接通状态，即只在操作元件由 OFF→ON 状态时产生一个扫描周期的接通脉冲。LDF 指令监视取元件的断开状态，即只在操作元件由 ON→OFF 状态时产生一个扫描周期的接通脉冲，如图 2.38 所示。

（2）ANDP 指令监视与元件的接通状态，即只在操作元件由 OFF→ON 状态时产生一个扫描周期的接通脉冲。ANDF 指令监视与元件的断开状态，即只在操作元件由 ON→OFF 状态时产生一个扫描周期的接通脉冲，如图 2.39 所示。

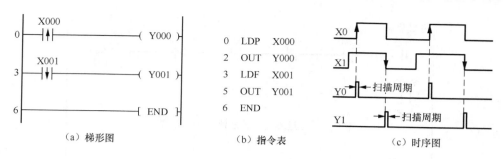

图 2.38 LDP、LDF 指令的使用说明

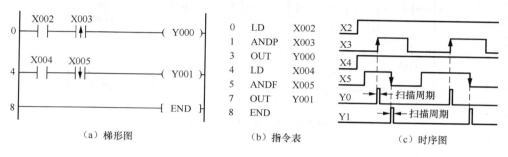

图 2.39 ANDP、ANDF 指令的使用说明

（3）ORP 指令监视或元件的接通状态，即只在操作元件由 OFF→ON 状态时产生一个扫描周期的接通脉冲。ORF 指令监视或元件的断开状态，即只在操作元件由 ON→OFF 状态时产生一个扫描周期的接通脉冲，如图 2.40 所示。

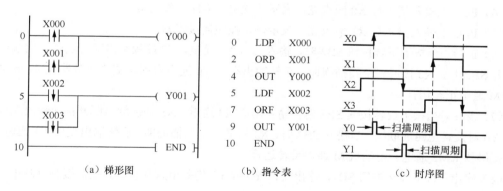

图 2.40 ORP、ORF 指令的使用说明

任务实施

一、编写三相交流电动机正反转控制程序

不通过停止按钮，直接按正反转按钮就可改变电动机转向，需要采用按钮联锁。为了减轻换向时反向电流对电动机的冲击，适当延长换向过程，即按下正转按钮时，先停止反转，延缓片刻松开正转按钮时，才接通正转，反转过程同理。三相交流电动机正反转控制程序如图 2.41 所示。

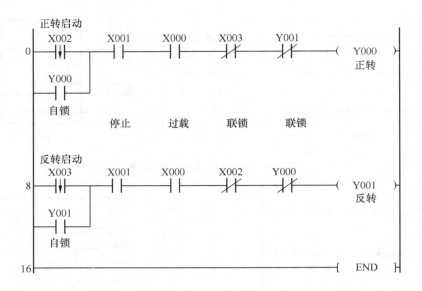

图 2.41　电动机正反转控制程序

二、操作步骤

（1）按图 2.37 所示连接三相交流电动机正反转控制线路。

（2）将图 2.41 所示程序写入 PLC。

（3）使 PLC 处于运行状态，并进入程序监控状态。

（4）PLC 上输入指示灯 X0 应点亮，表示热继电器 KH 工作正常。

（5）PLC 上输入指示灯 X1 应点亮，表示停止按钮连接正常。

（6）正转。当按下正转按钮 SB2 时，输入端口 X2 通电，X2 联锁触点断开反转输出端口 Y1；当松开 SB2 时，X2 接通一个扫描周期，正转输出端口 Y0 通电自锁，交流接触器 KM1 通电，电动机 M 通电正转运行。

（7）反转。当按下反转按钮 SB3 时，输入端口 X3 通电，X3 联锁触点断开正转输出端口 Y0，解除 Y0 对反转电路的联锁；当松开 SB3 时，X3 接通一个扫描周期，反转输出端口 Y1 通电自锁，交流接触器 KM2 通电，电动机 M 通电反转运行。

（8）停止。按下停止按钮 SB1，输出端口 Y0 或 Y1 均断电解除自锁，交流接触器断电，电动机 M 断电停止。

练习题

1．为什么说正反转接触器仅依靠软件联锁不可靠，而必须要有硬件联锁？

2．电动机定时正反转控制要求是：按下启动按钮，电动机正转，30s 后电动机自动换向反转，20s 后电动机自动换向正转，如此反复；按下停止按钮，电动机立即停止。

（1）绘出控制电路图。

（2）写出输入/输出端口分配表。

（3）编写控制程序。

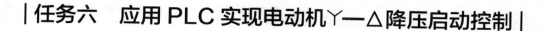

┃任务六　应用 PLC 实现电动机丫—△降压启动控制┃

任务引入

电动机丫—△降压启动控制要求如下：按下启动按钮 SB2，电动机绕组丫形连接启动，延时适当时间后自动转为△形连接运行；按下停上按钮 SB1，电动机停止。其控制线路如图 2.42 所示，输入/输出端口分配见表 2.15。

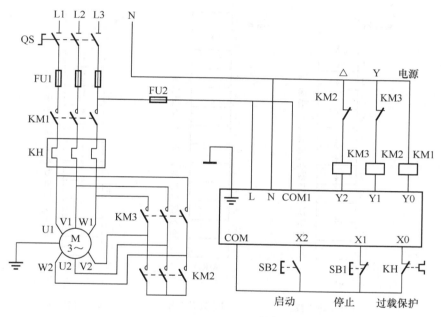

图 2.42　电动机丫—△降压启动控制线路

表 2.15　　　　　　　　　　　　　　　输入/输出端口分配表

输　入			输　出		
输入端口	输入元件	作　用	输出端口	输出元件	作　用
X0	KH（常闭触头）	过载保护	Y0	接触器 KM1	接通电源
X1	SB1（常闭按钮）	停止	Y1	接触器 KM2	丫形连接
X2	SB2（常开按钮）	启动	Y2	接触器 KM3	△形连接

相关知识——堆栈存储器

在 FX_{2N} 系列 PLC 中有 11 个存储器，专门用来存储程序运算的中间结果，称为堆栈存储器。MPS、MRD、MPP 是对堆栈存储器进行操作的指令，其助记符、逻辑功能见表 2.16。

表 2.16   堆栈指令

助 记 符	指 令 名 称	逻 辑 功 能	操 作 数	步 数
MPS	进栈	运算器结果送入堆栈第一级单元； 堆栈各级数据依次下移到下一级单元	无	1
MRD	读栈	将堆栈第一级单元的数据送入运算器； 堆栈各级数据不发生上移或下移	无	1
MPP	出栈	将堆栈第一级单元的数据送入运算器； 堆栈各级数据依次上移到上一级单元	无	1

PLC 中运算器与堆栈交换数据的过程如图 2.43 所示。

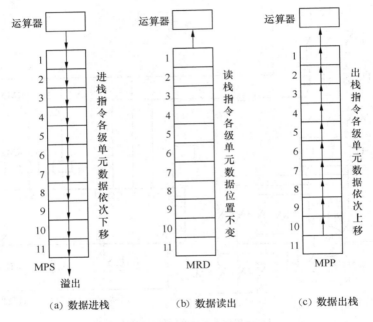

（a）数据进栈   （b）数据读出   （c）数据出栈

图 2.43   堆栈指令执行过程

堆栈指令的使用说明如下所述。

（1）MPS、MPP 应该成对使用，并且连续使用不能超过 11 次，否则数据溢出丢失。

（2）使用堆栈指令时，如果其后是单个触点，需用 AND 或 ANI 指令；如果其后是电路块，则在电路块的始点用 LD 或 LDI 指令，然后用块与指令 ANB。

在图 2.44 所示的程序中，因为 X0 控制输出端口 Y0～Y4，所以 X0 的状态要使用 5 次。因此，在"0 LD X0"指令语句后先用 MPS 指令将 X0 的状态存入堆栈第一级单元。

在 Y0 输出控制行中，X0 与 X1 串联控制 Y0，所以执行串联指令 AND。

在 3 次执行 MRD 读栈指令中，X0 的状态被读入运算器，分别与 X2、X3、X4 的状态做"与"运算控制 Y1、Y2、Y3。

在 X0 的最后控制行，执行 MPP 出栈指令，X0 的状态被读入运算器，与 X5 的状态做"与"运算控制 Y4。

程序指针离开堆栈返回左母线，执行"16 LD X6"指令语句。

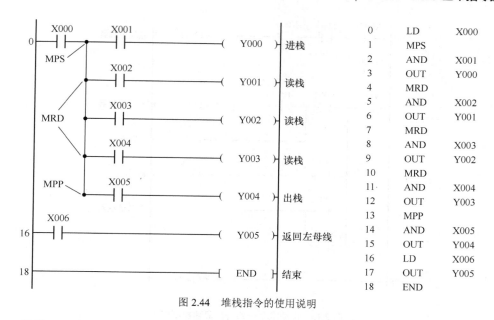

图 2.44　堆栈指令的使用说明

（3）堆栈可以嵌套，但嵌套的层数不能超过 11 层。如图 2.45 所示程序使用了两级堆栈。

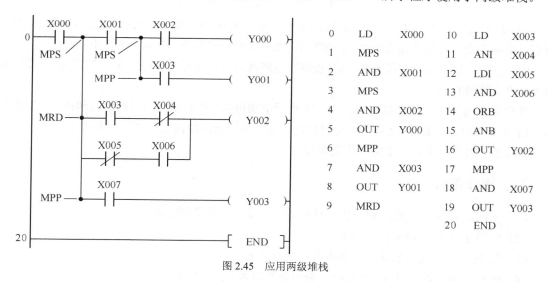

图 2.45　应用两级堆栈

任务实施

一、编写电动机丫—△降压启动控制程序

三相交流电动机丫—△降压启动控制程序如图 2.46 所示，程序工作原理如下。

（1）丫形启动。按下启动按钮 SB2，Y0 线圈通电自锁，电源接触器 KM1 通电。程序第 2 行中 Y0 常开触点闭合，Y1 线圈通电，丫形接触器 KM2 通电，电动机绕组丫形连接通电启动，同时定时器 T0 线圈通电延时。

（2）丫形绕组断开。定时器 T0 延时 6s 后，T0 常闭触点分断，Y1 线圈断电，丫形接触器 KM2 断电，丫形绕组断开；T0 常开触点闭合，定时器 T1 线圈通电延时。

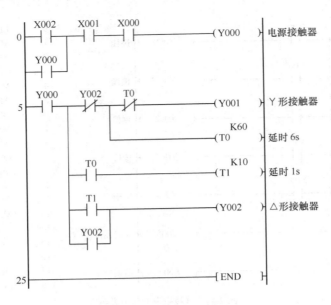

图 2.46　电动机丫—△降压启动控制程序

（3）△形运行。定时器 T1 延时 1s 后，T1 常开触点闭合，Y2 线圈通电自锁，△形接触器 KM3 通电，电动机绕组△形连接通电运行。Y2 常闭触点分断，联锁 Y1 不能再次通电。

（4）停止。按下停止按钮 SB1，Y0 线圈断电解除自锁。程序第 2 行中 Y0 常开触点分断，联锁 Y1、Y2 线圈断电。

程序中使用了两个定时器 T0 和 T1。T0 用于电动机从丫形启动到△运转的时间控制，时间为 6s，T1 用于 KM2 与 KM3 之间动作延时控制，避免两个接触器同时工作，时间为 1s。在生产中 T1 和 T2 的延时时间应根据实际工作情况设定。

二、操作步骤

（1）按图 2.42 所示连接三相交流电动机丫—△降压启动控制线路。

（2）将图 2.46 所示程序写入 PLC。

（3）使 PLC 处于运行状态，并进入程序监控状态。

（4）PLC 上输入指示灯 X0 应点亮，表示热继电器 KH 工作正常。

（5）PLC 上输入指示灯 X1 应点亮，表示停止按钮连接正常。

（6）按下启动按钮 SB2，电动机丫形启动，7s 后自动转为△形运行。按停止按钮 SB1，电动机停止。

练习题

1．说明堆栈指令的逻辑功能。

2．写出图 2.46 所示程序的指令表，并说明该程序使用了几级堆栈。

3．图 2.47（a）所示为某台设备的接触器控制线路，在主电路和控制功能不变的情况下改用 PLC 控制，如图 2.47（b）所示。要求：

（1）写出输入/输出端口分配表；

（2）设计控制程序。

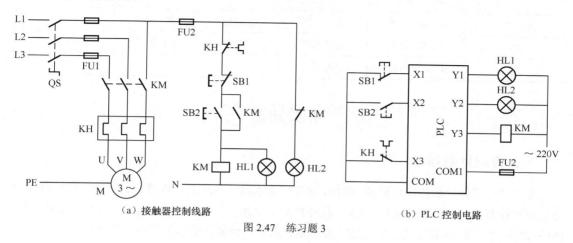

（a）接触器控制线路　　　　　　　（b）PLC 控制电路

图 2.47　练习题 3

| 任务七　应用 PLC 实现单按钮启动/停止控制 |

任务引入

在 PLC 控制系统中，输入信号通常由按钮、行程开关和各类传感器构成，有时可能出现输入端口点数不够用的状况。在这种情况下，除了增加输入扩展模块外，还可以考虑减少输入端口的使用点数。例如，用单按钮来控制电动机的启动和停止，即第 1 次按下按钮时电动机启动，第 2 次按下按钮时电动机停止。控制线路如图 2.48 所示，输入/输出端口分配见表 2.17。

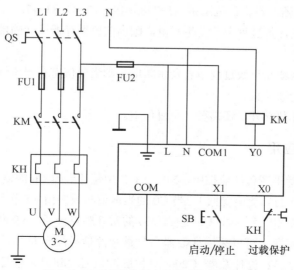

图 2.48　电动机单按钮启动/停止控制线路

表 2.17   输入/输出端口分配表

输　　入			输　　出		
输入端口	输　入　元　件	作　　用	输出端口	输出元件	作　　用
X0	KH（常闭触头）	过载保护	Y0	接触器 KM	控制电动机
X1	SB（常开按钮）	启动/停止			

相关知识

一、普通计数器 C

在生产中需要计数的场合很多，例如，对生产流水线上传送的工件进行计数，在 PLC 程序中，可以应用计数器来实现计数功能。FX$_{2N}$ 系列 PLC 有 256 个计数器，地址编号为 C0～C255，其中 C0～C234 为普通计数器，C235～C255 为高速计数器。普通计数器的分类见表 2.18。

表 2.18   普通计数器 C 分类表

计数器名称		编 号 范 围	点　　数	计 数 范 围
16 位增 计数器	普通用	C0～C99	100	0～65535
	掉电保持用	C100～C199	100	0～65535
32 位增减 计数器	普通用	C200～C219	20	−2147483648～2147483647
	掉电保持用	C220～C234	15	−2147483648～2147483647

普通计数器 C 的使用说明如下所述。

（1）计数器对输入脉冲的上升沿进行计数，达到计数器设定值时，计数器触点动作。每个计数器都有一个常开和常闭触点，可以无限次使用。

（2）每个计数器有一个设定值寄存器，一个当前值寄存器。16 位计数器的设定值范围是 0～65535，32 位增减计数器的设定值范围是-2147483648～+2147483647。

（3）普通计数器在计数过程中若发生断电，则当前值寄存器所计的数值全部丢失，再次运行时从 0 开始计数。

（4）掉电保持计数器在计数过程中若发生断电，则当前值寄存器所计数值保存，再次运行时从原来数值的基础上继续计数。

（5）计数器除了计数端外，还需要一个复位端。

二、计数器的应用

如图 2.49 所示的梯形图程序监控中，X0、X1 分别是计数器 C0 的复位端和脉冲信号输入端。每当 X1 接通一次，C0 的当前值就加 1，当 C0 的当前值与设定值 K5 相等时，计数器的常开触点 C0 闭合，Y0 通电。当 X0 闭合时，C0 复位，C0 的常开触点分断，Y0 断电。

如果需要长延时程序，可以采用计数器与时钟脉冲信号配合获得。在图 2.50 所示程序中，当启动端 X0 接通后，32 位计数器 C200 对秒脉冲信号 M8013 进行计数，经过 1000 小时（1s×3600000）的延时，Y0 才通电。当停止端 X1 接通时，C200 复位，Y0 断电。

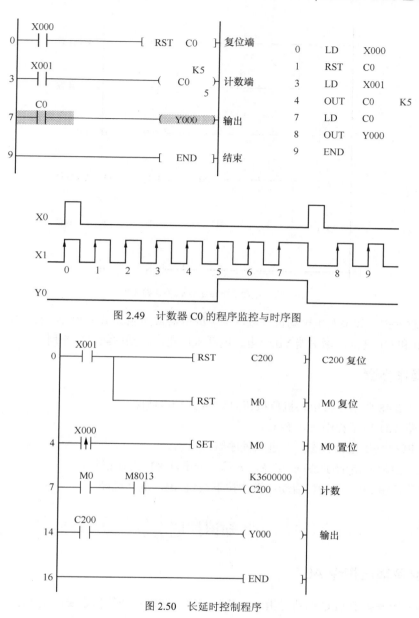

图 2.49 计数器 C0 的程序监控与时序图

图 2.50 长延时控制程序

任务实施

一、电动机单按钮启动/停止控制程序

电动机单按钮启动/停止控制程序如图 2.51 所示，程序工作原理如下。

（1）启动。当 PLC 进入程序运行状态时，C0、C1 的当前值为 0。第 1 次按下按钮 SB，C0 的当前值为 1，此时 C0 的当前值与设定值 K1 相等，C0 的常开触点闭合，输出端 Y0 通电，接触器 KM 得电，电动机启动运转；同时，C1 的当前值也为 1。

（2）停止。第 2 次按下 SB，C1 的当前值为 2，与设定值 K2 相等，C1 的常开触点闭合，使 C0 和 C1 复位，C0 的常开触点分断，输出端 Y0 断电，电动机停止。

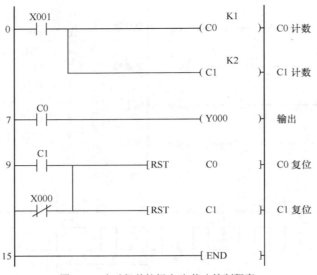

图 2.51　电动机单按钮启动/停止控制程序

（3）过载保护。如果发生电动机过载，则热继电器常闭触头 KH 断开，程序中 X0 常闭触点闭合，使 C0 和 C1 复位，输出端 Y0 断电，电动机停止，起到过载保护作用。

二、操作步骤

（1）按图 2.48 所示连接电动机单按钮启动/停止控制线路。

（2）将图 2.51 所示程序写入 PLC。

（3）使 PLC 处于运行状态，并进入程序监控状态。

（4）PLC 上输入指示灯 X0 应点亮，表示热继电器 KH 工作正常。

（5）按下按钮 SB，电动机启动；再次按下按钮 SB，电动机停止。

知识扩展

一、交替输出指令 ALT

交替输出指令属于 PLC 的功能指令，其助记符、逻辑功能等指令属性见表 2.19。

表 2.19　　　　　　　　　　　　　　　　　ALT 指令

交替输出指令			操　作　数	程　序　步
P	FNC66	ALT	Y、M、S	3

由于交替输出指令在程序的每个扫描周期都执行一次，因此，采用脉冲执行方式，即加上指令后缀 P。这样，只在指令满足执行条件后的第一个扫描周期执行一次指令。

二、用交替输出指令实现电动机单按钮启动/停止控制

用交替输出指令实现电动机单按钮启动/停止程序和时序图如图 2.52 所示，程序工作原理如下。

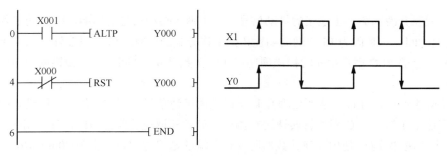

图 2.52 电动机单按钮启动/停止控制

（1）启动。第 1 次按下按钮 X1 时，Y0 从"0"变为"1"，Y0 接通使 KM 通电，电动机启动。

（2）停止。第 2 次按下按钮 X1 时，Y0 从"1"变为"0"，Y0 复位使 KM 断电，电动机停止。

（3）过载保护。如果发生电动机过载，则热继电器常闭触头 KH 断开，程序中 X0 常闭触点闭合，Y0 复位使 KM 断电，起到过载保护作用。

练习题

1．简述普通计数器 C 的分类、用途。

2．ALT 指令的功能是什么？为什么使用 ALT 指令时要加后缀 P？

3．PLC 程序如图 2.53 所示，计算从开始计数至 Y0 通电的延时时间。

4．某电动机控制要求是：按下启动按钮，电动机正转，30s 后电动机自动换向反转，20s 后电动机自动换向正转，如此反复循环 10 次后电动机自动停止。若按下停止按钮，电动机立即停止。

（1）绘出控制电路图。

（2）写出输入/输出端口分配表。

（3）设计出控制程序。

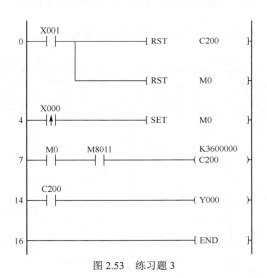

图 2.53 练习题 3

|任务八 高速计数器的一般应用程序|

任务引入

一般情况下 PLC 的普通计数器只能接收频率为几十赫兹以下低频脉冲信号，对于大多数控制系统来说，已能满足控制要求。只能接收低频信号的原因有两点，一是与 PLC 输入端连接的按钮簧片在接通或断开瞬间会产生连续的抖动信号，为了消除抖动信号的影响，PLC 的输入端设置了 10ms 的延迟时间；二是因为 PLC 的周期性扫描工作方式的影响，PLC 只在输入采样阶段接收外部输入信号。一般 PLC 用户程序的扫描周期在几十至数百 ms 之间，小于扫描周期的信号不能有效接收。

但在实际生产中，PLC 可能要处理几 kHz 以上的高速信号。例如，常见机械设备的主轴转速每分钟可高达上千转，PLC 对主轴转速进行测速、计数和调速控制。为此，FX$_{2N}$ 系列 PLC 专门设置了 21 个高速计数器。使用高速计数器时其输入端的延迟时间自动变为 20μs（X0、X1）或 50μs（X2～X5），同时为了不受 PLC 周期性扫描工作方式的影响，高速计数程序采用中断处理方式（中断是指 PLC 终止正常的程序扫描周期，优先处理高速信号）。因此高速计数器可以对频率高达 60kHz 的脉冲信号计数。

相关知识——高速计数器

高速计数器的编号为 C235～C255（与之配合的特殊辅助继电器为 M8235～M8255），都是 32 位断电保持型双向计数器，计数范围为 -2147483648～+2147483647。高速计数器分为单相单计数输入、单相双计数输入和双相双计数输入 3 类。

一、单相单计数输入的高速计数器

单相单计数输入的高速计数器见表 2.20。

表 2.20　　　　　　　　　　　单相单计数输入的高速计数器

计数输入	无复位/开始计数端						有复位/开始计数端				
	C235	C236	C237	C238	C239	C240	C241	C242	C243	C244	C245
X0	U/D						U/D			U/D	
X1		U/D					R			R	
X2			U/D					U/D			U/D
X3				U/D			R				R
X4					U/D			U/D			
X5						U/D		R			
X6										S	
X7											S

注：U—增计数，D—减计数，R—复位输入，S—启动输入。

高速计数器 C235～C255 的说明如下所述。

（1）高速计数器使用 X0～X7，但只有 X0～X5 能用于计数脉冲信号输入，并且不能重复地在高速计数器 C235～C255 之间使用，因此，高速计数器最多只能使用 6 个。

（2）使用某个高速计数器后，相应的输入端自动被占用。例如，使用 C235 后，X0 被占用，则不可使用 C241，C244，C246，C247，C249，C251，C252，C254。

（3）高速计数器输出指令要在主程序内编程，不要在子程序内编程。

（4）由于高速计数器的计数值可以断电保持，所以清除计数值要用复位指令。

（5）高速计数器 C235～C245 的功能是增计数还是减计数由特殊辅助继电器 M8235～M8245 的状态决定，M8235～M8245 状态 ON 是减计数，状态 OFF 或者程序中不出现，M8235～M8245 是增计数。

【例题 2.1】 接线图如图 2.54（a）所示，分析图 2.54（b）所示程序的功能。

【解】 在图 2.54（b）所示程序中，M8000 接通是定义使用高速计数器 C235，达到设定值 K100 时，C235 动作，输出 Y0 状态 ON。系统自动分配 X0 为 C235 的计数信号输入端。X1 是工作方式选择端，X1 断开是增计数，接通是减计数。X2 为 C235 复位端。

【例题 2.2】 接线图如图 2.55（a）所示，分析图 2.55（b）所示程序的功能。

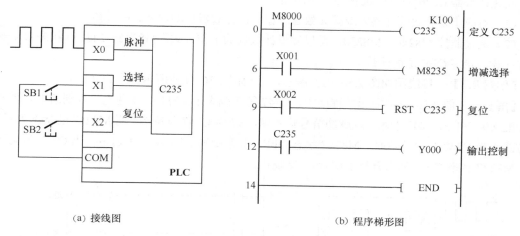

图 2.54 使用高速计数器 C235

【解】 在图 2.55（b）所示程序中，C245 的当前值等于或大于 100 时 Y0 通电，否则断电。系统自动分配 X2 为 C245 的脉冲信号输入端，X3 为 C245 复位端，X7 为 C245 启动计数控制端。X1 是工作方式选择端，X1 断开是增计数，接通是减计数。

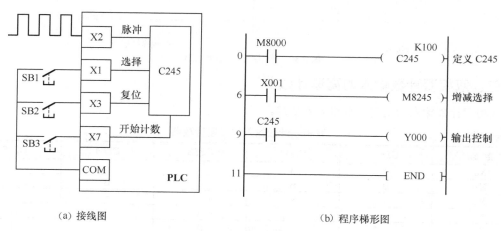

图 2.55 使用高速计数器 C245

二、单相双计数输入的高速计数器

单相双计数输入的高速计数器见表 2.21。

表 2.21　　　　　　　　　　　单相双计数输入的高速计数器

计 数 输 入	C246	C247	C248	C249	C250
X0	U	U		U	
X1	D	D		D	
X2		R		R	
X3			U		U
X4			D		D
X5			R		R
X6				S	
X7					S

高速计数器 C246～C250 的说明如下所述。

（1）对应于增计数脉冲输入或减计数脉冲输入，计数器自动地增、减计数。

（2）通过监控 M8246～M8250，可以知道计数器的工作方式。M8246～M8250 状态 ON 表明是减计数，状态 OFF 是增计数。

【例题 2.3】　接线图如图 2.56（a）所示，分析图 2.56（b）所示程序的功能。

【解】　在图 2.56（b）所示的程序中，C247 等于或大于 100 时 Y0 通电，否则断电。系统自动分配 X0、X1 为 C247 的增、减脉冲信号输入端，X2 为 C247 复位端。用 M8247 的状态表示增、减方式，当 C247 为增计数时，M8247 状态 OFF，其常闭触点闭合，Y1 通电；当 C247 为减计数时，M8247 状态 ON，其常开触点闭合，Y2 通电。

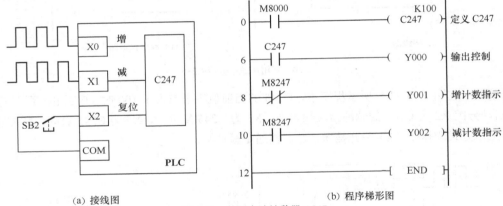

(a) 接线图　　　　　　　　　　　(b) 程序梯形图

图 2.56　使用高速计数器 C247

三、双相双计数输入的高速计数器

双相双计数输入的高速计数器见表 2.22。

表 2.22　　　　　　　　　　　双相双计数输入的高速计数器

计 数 输 入	C251	C252	C253	C254	C255
X0	A	A		A	
X1	B	B		B	
X2		R		R	
X3			A		A
X4			B		B
X5			R		R
X6				S	
X7					S

注：A—A 相输入，B—B 相输入，R—复位输入，S—启动输入。

高速计数器 C251～C255 的说明如下。

（1）通过监控 M8251～M8255，可以知道计数器工作方式。M8251～M8255 状态 ON 表明是减计数，状态 OFF 是增计数。

（2）双相计数器的两个脉冲端子是同时工作的，增、减计数方式由两相脉冲间的相位所决定。如图 2.57 所示，在 A 相状态 ON，B 相状态从 OFF→ON（即上升沿）时增计数；反之，B 相状态从 ON→OFF（即下降沿）时减计数。

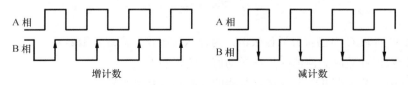

图 2.57 双相计数波形图

【例题 2.4】 接线图如图 2.58（a）所示，分析图 2.58（b）所示程序。

【解】 在图 2.58（b）所示的程序中，高速计数器 C252 等于或大于 100 时 Y0 通电，否则断电。系统自动分配 X0、X1 为 C252 的 A 相、B 相脉冲信号输入端，X2 为 C252 复位端。用 M8252 的状态指示增、减状态，当 C252 为增计数时，Y1 通电；当 C252 为减计数时，Y2 通电。

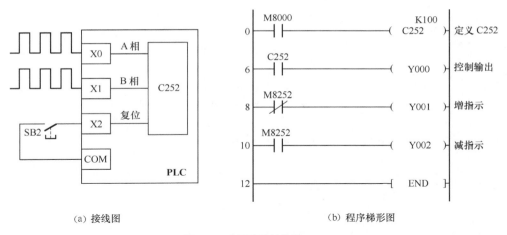

（a）接线图　　　　　　　　　　　　（b）程序梯形图

图 2.58 使用高速计数器 C252

任务实施

为了简化操作过程，不使用脉冲信号发生器作为信号源，而是利用按钮产生计数脉冲，即将两个按钮分别连接脉冲信号输入端 X0 和 X1。由于按钮在通断瞬间会产生抖动信号，所以在监控状态下可观察到每按下一次按钮，高速计数器会重复计数。

使用高速计数器 C247 计数的操作步骤如下。

（1）按图 2.56（a）所示连接 PLC 控制电路。

（2）接通 PLC 电源，使 PLC 处于编程状态。

（3）将图 2.56（b）所示的程序下载 PLC。

（4）使 PLC 处于程序运行状态，并进入程序监控状态。

（5）按下增计数按钮 X0，C247 的当前值增加计数，Y1 通电表示工作方式为增计数，当 C247 当前值等于或大于 100 时，C247 常开触点闭合，Y0 通电。

（6）按下减计数按钮 X1，C247 的当前值减少计数，Y2 通电表示工作方式为减计数，当 C247 当前值小于 100 时，C247 常开触点断开，Y0 断电。

（7）按下复位按钮 X2，C247 复位清 0，Y0 断电。

练习题

1．在 FX 系列 PLC 中已有普通计数器，为什么还要设置高速计数器？

2．普通计数器计数时如何消除按钮抖动信号的影响？

3．高速计数器分为哪几类？高速计数器的计数范围是多少？

4．对于单计数输入的高速计数器，怎样设置其增或减计数方式？

5．对于双计数输入的高速计数器，怎样显示其增或减计数方式？

6．高速计数器 C236 的初始值是 0，达到设定值 K100 000 时，输出端 Y10 状态 ON，X10/X11 分别为启动/复位端，试编写控制程序。

生产设备的机械动作往往是按一定顺序进行的，针对这种顺序控制，PLC 指令系统中有两条步进指令，利用步进指令可以方便地编写比较复杂的顺序控制程序。

任务一　应用单流程模式实现 3 台电动机顺序启动控制

任务引入

某设备有 3 台电动机，控制要求是：按下启动按钮，第 1 台电动机 M1 启动；运行 5s 后，第 2 台电动机 M2 启动；M2 运行 15s 后，第 3 台电动机 M3 启动。按下停止按钮或发生过载故障时，3 台电动机全部停止。控制电路如图 3.1 所示，PLC 输入/输出端口分配见表 3.1。

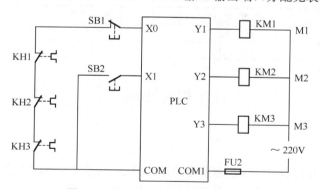

图 3.1　3 台电动机顺序启动控制电路图

表 3.1　　　　　　　　　　　　　输入/输出端口分配表

输入			输出		
输入端口	输入元件	作用	输出端口	输出元件	控制对象
X0	KH1、KH2、KH3	过载保护	Y1	接触器 KM1	电动机 M1
	SB1（常闭按钮）	停止	Y2	接触器 KM2	电动机 M2
X1	SB2（常开按钮）	启动	Y3	接触器 KM3	电动机 M3

3 台电动机顺序启动的工序图和状态流程图如图 3.2 所示。

图 3.2（b）所示状态流程图中包含 S0、S20、S21 和 S22 4 个状态继电器。其中，S0 是初

始状态继电器，用双线方框表示，一个步进程序至少要有一个初始状态，初始状态对应步进程序运行的起点，通常利用初始脉冲 M8002 进入初始状态。而 S20、S21 和 S22 是通用状态继电器，用单线方框表示，3 台电动机顺序启动控制流程图中各状态继电器的控制功能见表 3.2。

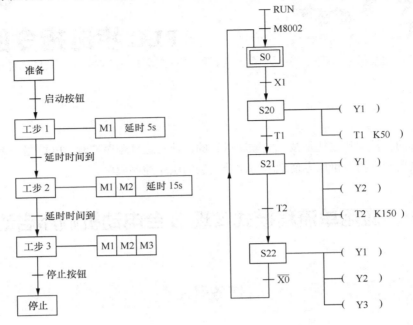

（a）工序图　　　　　　　　（b）状态流程图

图 3.2　3 台电动机顺序启动工序图和状态流程图

表 3.2　　　　　　　　　　S0～S22 状态继电器的控制功能

状态继电器	控 制 功 能	状态继电器	控 制 功 能
S0	M1、M2、M3 停止	S21	M1、M2 运转
S20	M1 运转	S22	M1、M2、M3 运转

相关知识

一、工序图

工序图是整个工作过程按一定步骤有序动作的图形，它是一种通用的技术语言。绘制工序图时要将整个工作过程依工艺顺序分为若干步工序，每一步工序用一个矩形框表示，两个相邻工序之间用流程线连接，当满足转移条件时即转入下一步工序。

例如，从图 3.2（a）所示的工序图可以看出，整个工作过程分为准备、工步 1、工步 2、工步 3 和停止 5 个工步，每个工步之间的转移需要满足特定的条件（按钮指令或延时时间）。

二、状态流程图

状态流程图是在工序图的基础上利用状态继电器 S 来描述顺序控制功能的图形，也是设计步进指令程序的依据。状态流程图主要由状态继电器、控制对象、有向连线和转移条件组成。从图 3.2（b）所示的状态流程图可以看出，3 台电动机顺序启动属于单流程模式，即所有的状态转移只

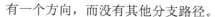

有一个方向，而没有其他分支路径。

1．状态继电器

FX_{2N} 系列 PLC 的状态继电器共有 1000 个点，分为 5 类，见表 3.3。

表 3.3 状态继电器 S 分类

初始状态继电器 共 10 点	回零状态继电器 共 10 点	通用状态继电器 共 480 点	保持状态继电器 共 400 点	报警状态继电器 共 100 点
S0～S9	S10～S19	S20～S499	S500～S899	S900～S999

当状态继电器置位时，称为活动状态；当状态继电器复位时，称为非活动状态。当状态继电器依据条件转移时，下一个状态继电器被置位，而当前状态继电器则自动复位，并不需要设置复位指令。

2．控制对象

状态继电器方框右边用线条连接的负载线圈为本状态下的控制对象。当状态继电器为活动状态时，其控制对象通电；当状态继电器为非活动状态时，其控制对象断电。若要在状态继电器复位后仍然保持负载线圈通电，必须使用线圈置位指令 SET。

3．有向连线

有向连线表示状态继电器的转移方向。在画状态流程图时，将代表各状态继电器的方框按先后顺序排列，并用有向连线将它们连接起来。表示从上至下或从左至右这两个方向有向连线的箭头可以省略。

4．转移条件

状态继电器之间的转移条件用与有向连线垂直的短画线和触点代号来表示，可以是单个常开触点或常闭触点，也可以是它们的组合。

三、步进指令 STL、RET

步进指令 STL、RET 的助记符、逻辑功能等指令属性见表 3.4。

表 3.4 STL、RET 指令

助 记 符	指令名称	功 能	操作元件	步 数
STL	步进开始	步进指令的开始行，建立临时左母线	S	1
RET	步进结束	步进指令结束，返回主母线		1

步进指令的使用说明。

（1）STL 指令是步进开始指令，STL 指令建立临时左母线，负载线圈可以连接临时左母线，对于与临时左母线连接的触点要使用"取"指令。

（2）RET 是步进结束指令，其功能是返回到主母线的位置，RET 仅在最后一个状态继电器的末行使用一次。

任务实施

一、编写控制程序

根据图 3.2（b）所示状态流程图编写的 3 台电动机顺序启动步进指令程序如图 3.3 所示，程序工作原理如下。

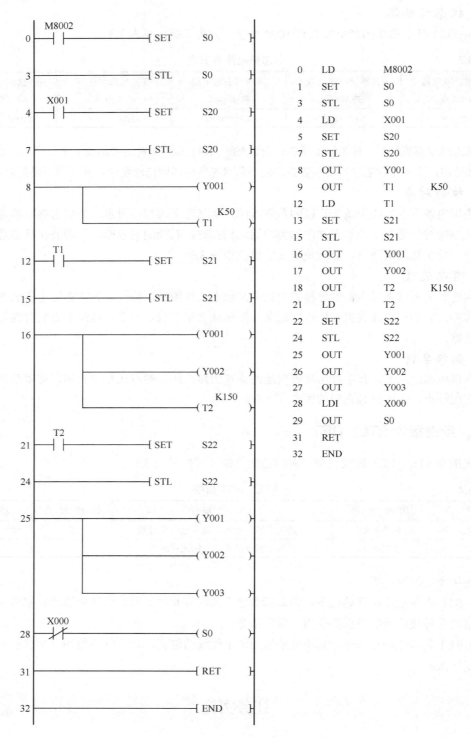

图 3.3　3 台电动机顺序启动步进程序

（1）程序步 0~2，利用初始脉冲 M8002 将状态继电器 S0 置位。

（2）程序步 3 为状态继电器 S0 的开始行。

（3）程序步 4～6，位于 S0 建立的临时左母线上。也是 S0 状态的转移条件和转移方向，当按下启动按钮 SB2 时，X1 常开触点接通，状态继电器 S20 置位，S0 状态自动复位。

（4）程序步 7 为状态继电器 S20 的开始行。

（5）程序步 8～14，位于 S20 建立的临时左母线上。当 S20 为活动状态时，Y1 线圈通电，第 1 台电动机启动；T1 通电延时 5s，当 T1 延时时间到，由 S20 状态转移到 S21 状态，S20 状态自动复位。

（6）程序步 15 为状态继电器 S21 的开始行。

（7）程序步 16～23，位于 S21 建立的临时左母线上。当 S21 为活动状态时，Y1 和 Y2 线圈通电，第 1 台电动机保持通电，第 2 台电动机启动；T2 通电延时 15s，当 T2 延时时间到，由 S21 状态转移到 S22 状态，S21 状态自动复位。

（8）程序步 24 为状态继电器 S22 的开始行。

（9）程序步 25～31，位于 S22 建立的临时左母线上。当 S22 为活动状态时，Y1、Y2、Y3 线圈通电，第 1、2 台电动机保持通电，第 3 台电动机启动。

在 S22 状态中，当按下停止按钮 SB1（或过载保护）时，X0 常闭触点恢复闭合，程序返回初始状态 S0，S22 状态自动复位。这种由下向上的状态转移不用 SET 指令，要用 OUT 指令，即"29 OUT　S0"。

（10）程序步 31，RET 是步进程序结束指令，程序返回主母线。

二、操作步骤

（1）按图 3.1 所示连接 3 台电动机顺序启动控制电路。

（2）将图 3.3 所示步进指令程序写入 PLC。

（3）使 PLC 处于运行状态，并进入程序监控状态。

（4）PLC 上输入端口 X0 指示灯应点亮，表示热继电器和停止按钮连接正常。

（5）按下启动按钮 SB2，第 1 台电动机启动；运行 5s 后，第 2 台电动机启动；M2 运行 15s 后，第 3 台电动机启动。

（6）按下停止按钮 SB1，3 台电动机全部停机。

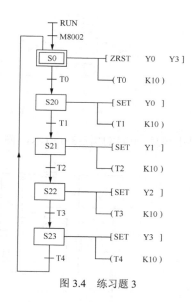

图 3.4　练习题 3

练习题

1. 什么是状态流程图？状态流程图包括几个方面？

2. FX 系列 PLC 中有几条步进指令，功能是什么？

3．有 4 只彩灯分别由 Y0～Y3 控制，当 PLC 程序运行后按秒依次点亮，同时熄灭，循环往复，其状态流程图如图 3.4 所示，试写出步进梯形图程序。

任务二　应用选择流程模式实现运料小车控制

任务引入

在多分支结构中，根据不同的转移条件来选择其中的某一个分支，就是选择流程模式。以图 3.5 所示小车运送不同原料为例，说明选择流程模式的应用。运料小车在左边装料处（X2 限位）从 a、b 两种原料中选择一种装入，然后右行，自动将原料对应卸在 A（X3 限位）、B（X4 限位）处，然后返回装料处。用开关 X0 的状态选择在何处卸料，当 X0=1 时，选择卸在 A 处；当 X0=0 时，选择卸在 B 处。

图 3.5　小车运料方式示意图

运料小车控制电路如图 3.6 所示，输入/输出端口分配见表 3.5。

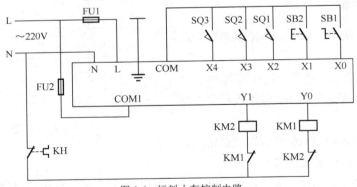

图 3.6　运料小车控制电路

表 3.5　　　　　　　　　　　　　　　　　输入/输出端口分配表

输　　入			输　　出		
输入端口	输入元件	作用	输出端口	输出元件	控制对象
X0	SB1	选择开关	Y0	KM1	小车右行
X1	SB2	运行按钮	Y1	KM2	小车左行
X2	SQ1	装料处限位行程开关			
X3	SQ2	A 处限位行程开关			
X4	SQ3	B 处限位行程开关			

根据小车运料方式设计的状态流程图如图 3.7 所示。从状态流程图可以看出，初始状态 S0 有状态 S500 和 S510 两个转移方向，即选择结构的分支处。具体转移到哪一个分支，由 X0 的状态所决定，由于 X0 常开/常闭触点的互非性，程序只能选择两者之一。例如，当装 a 原料时，选择开关 X0=1，装料结束后，按下运行按钮 X1，则选择进入 S500 状态，小车右行。当小车触及行程开关 X3 时，转移 S520 状态，小车在 A 处停止，卸下原料 a，卸料时间为 20s，由 T0 延时，卸料完毕，转移 S521 状态，小车左行，触及行程开关 X2 时，转移 S0 状态，小车在装料处停止，完成一个工作周期。

当装 b 原料时，选择开关 X0=0，装料结束后，按下运行按钮 X1，则选择进入 S510 状态，小车右行。当小车触及行程开关 X3 时，由于 S500 是非活动状态，所以 X3 不起作用，小车继续右行。当小车触及行程开关 X4 时，转移 S520 状态，小车在 B 处停止，卸下原料 b，卸料时间为 20s。以下过程同运送原料 a。

由于 S500 和 S510 两个分支都转移到 S520 状态，所以 S520 是选择结构的汇合处。

本例中运料小车使用断电保持状态继电器 S500、S510、S520 和 S521。断电保持状态继电器具有系统停电后保持断电前状态的功能。运料小车在工作过程中，如遇系统停电停机，再次来电后系统能够在原来的状态下继续工作，从而保证完成一个周期的送料工作。

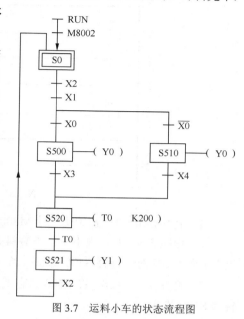

图 3.7 运料小车的状态流程图

任务实施

一、运料小车的控制程序

运料小车的控制程序如图 3.8 所示。其工作原理如下。

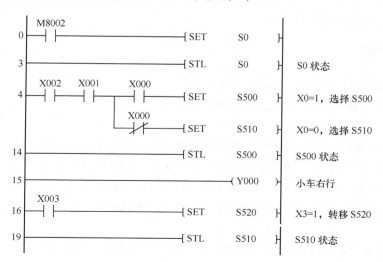

图 3.8 运料小车控制程序

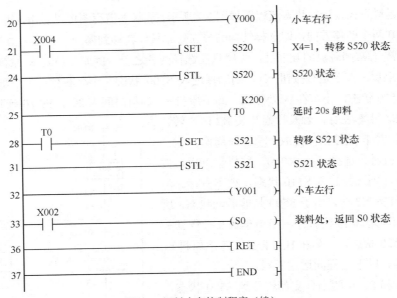

图 3.8　运料小车控制程序（续）

（1）程序步 0～3，初始化脉冲 M8002 使 S0 状态置位。

（2）程序步 4～13，当小车位于装料处时，X2=1；按下运行按钮 X1，根据 X0 状态进行选择，当 X0 状态 ON 时，选择 S500 状态；当 X0 状态 OFF 时，选择 S510 状态。

（3）程序步 14～18，在 S500 状态下，运料小车右行，行至卸料处 A 时，行程开关 X3 闭合，转移 S520 状态。

（4）程序步 19～23，在 S510 状态下，运料小车右行，行至卸料处 A 时，行程开关 X3 闭合，由于 S500 是非活动状态，所以不影响小车右行，当小车继续右行至卸料处 B 时，行程开关 X4 闭合，转移 S520 状态。

（5）程序步 24～30，在 S520 状态下，小车右行停止，在相应的卸料处进行卸料，卸料时间为 20s，由定时器 T0 控制，延时时间到，转移 S521 状态。

（6）程序步 31～36，在 S521 状态下，运料小车左行，返回至装料处，行程开关 X2 闭合，返回初始状态 S0，完成一个工作周期。

二、操作步骤

（1）将图 3.8 所示的运料小车控制程序写入 PLC。

（2）使 PLC 处于运行状态，并进入程序监控状态。

（3）模拟运料小车工作过程。

a. 原料卸在 A 处：X0 = 1，X2 = 1，按下运行按钮 X1，Y0 灯亮，模拟小车右行；断开 X2，接通 X3，延时 20s 后 Y1 灯亮，模拟小车左行；接通 X2，程序返回 S0 状态，小车停止。

b. 原料卸在 B 处：X0 = 0，X2 = 1，按下运行按钮 X1，Y0 灯亮，模拟小车右行；断开 X2，接通 X3，状态无变化；接通 X4，延时 20s 后 Y1 灯亮，模拟小车左行；接通 X2，程序返回 S0 状态，小车停止。

（4）在模拟运料小车运行过程中，使 PLC 处于程序停止状态，小车停止运行。再次使 PLC 处于程序运行状态，小车保持原方向继续运行。

练习题

1. 在选择流程模式中，会同时出现几个活动状态继电器吗？如图 3.8 所示，运料小车控制程序中 Y0 出现两次，是双线圈现象吗？

2. 选择流程模式的状态流程图在分支和汇合上有什么特点？

3. 写出如图 3.9 所示状态流程图对应的步进梯形图程序。

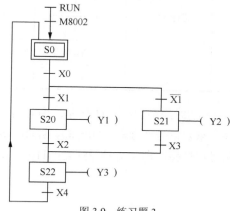

图 3.9　练习题 3

4. 若小车运送 a、b、c、d 4 种材料到 A、B、C、D 处，试画出状态流程图。

任务三　应用并行流程模式实现交通信号灯控制

任务引入

并行流程模式是指多个分支流程可以同时执行，即在步进程序中同时出现多个活动状态。以十字路口交通信号灯控制为例，东西方向信号灯为一分支，南北方向信号灯为另一分支，两个分支应同时工作。交通信号灯控制电路如图 3.10 所示，输入/输出端口分配见表 3.6。

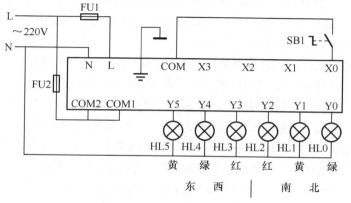

图 3.10　交通信号灯控制电路

表 3.6 输入/输出端口分配表

输 入			输 出		
输入端口	输入元件	作用	输出端口	输出元件	控制对象
X0	SB1 旋钮	运行/停止	Y0	HL0	南北绿灯
			Y1	HL1	南北黄灯
			Y2	HL2	南北红灯
			Y3	HL3	东西红灯
			Y4	HL4	东西绿灯
			Y5	HL5	东西黄灯

交通信号灯一个周期（120s）的时序图如图 3.11 所示。南北信号灯和东西信号灯同时工作，0～50s 期间，南北信号绿灯亮，东西信号红灯亮；50～60s 期间，南北信号黄灯亮，东西信号红灯亮；60～110s 期间，南北信号红灯亮，东西信号绿灯亮；110～120s 期间，南北信号红灯亮，东西信号黄灯亮。

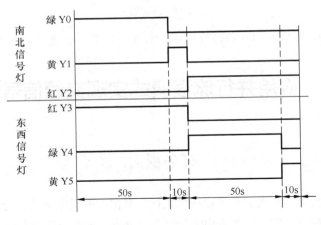

图 3.11 交通信号灯时序图

在图 3.12 所示的交通信号灯状态流程图中，存在南北信号灯和东西信号灯两条并行的分支，南北信号灯分支由状态继电器 S20、S21 和 S22 组成，东西信号灯分支由状态继电器 S30、S31 和 S32 组成。当 X0 接通后，两条信号灯分支同时工作。

（1）并行结构的分支。当 X0 常开触点闭合后，S0 自动复位为非活动状态，S20 和 S30 同时变为活动状态，南北绿灯亮、东西红灯亮；定时器 T0 和 T3 开始延时。

南北信号灯：定时器 T0 延时时间到，由 S20 转移到 S21，南北黄灯亮，定时器 T1 开始延时；T1 的延时时间到，由 S21 转移到 S22，南北红灯亮，定时器 T2 开始延时。

东西信号灯：定时器 T3 延时时间到，由 S30 转移到 S31，东西绿灯亮，定时器 T4 开始延时；T4 的延时时间到，由 S31 转移到 S32，东西黄灯亮，定时器 T5 开始延时。

（2）并行结构分支的汇合。当 S22 和 S32 都处于活动状态，并且 T2 和 T5 的延时时间到，T2 和 T5 的常开触点都闭合时，系统返回初始状态 S0，周而复始地重复上述过程。

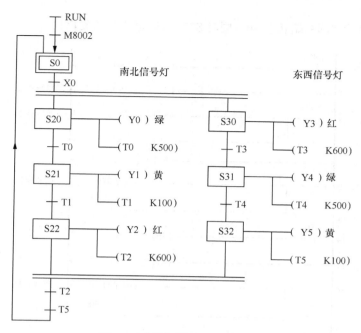

图 3.12   交通信号灯的状态流程图

相关知识

由两个及两个以上的分支流程组成，并且同时执行各分支流程，称为并行流程模式。在并行结构的分支处，一旦转移条件满足，则所有分支流程同时被执行；在并行结构的汇合处，要等所有分支流程都执行完毕后，才能同时转移到下一个状态。

并行流程模式程序梯形图中各状态继电器按状态流程图从左至右、从上至下的顺序依次编程。例如，对图 3.12 所示状态流程图编写步进程序可按 S0、S20、S30、S21、S31、S22、S32 的顺序进行。

任务实施

一、编写交通信号灯控制程序

图 3.13 所示为交通信号灯控制程序梯形图，其工作原理如下。

（1）程序步 3～8，是并行结构的分支处，当 X0 接通时，S20、S30 状态同时被置位，S0 状态自动复位。

（2）程序步 9～50，是南北信号灯和东西信号灯并行运行的程序。

南北方向：S20 状态置位后，绿灯亮，50s 后 S21 状态置位，黄灯亮，10s 后 S22 状态置位，红灯亮，T2 延时 60s。

东西方向：S30 状态置位后，红灯亮，60s 后 S31 状态置位，绿灯亮，50s 后 S32 状态置位，黄灯亮，T5 延时 10s。

（3）程序步 51～56，是并行结构的汇合处，只有当 S22、S32 同为活动状态，T2、T5 常开触点都闭合时，程序才返回初始状态 S0，同时 S22、S32 状态自动复位。

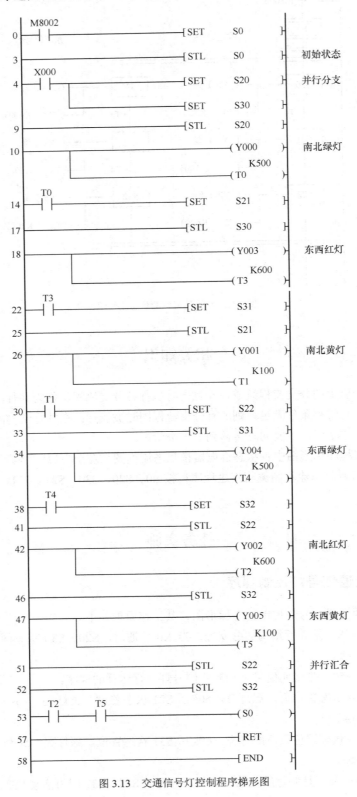

图 3.13　交通信号灯控制程序梯形图

二、操作步骤

（1）按图 3.10 所示连接交通信号灯控制电路。

（2）接通 PLC 电源，将图 3.13 所示步进程序写入 PLC。

（3）使 PLC 处于运行状态，并进入程序监控状态。

（4）拨动运行/停止开关 X0，步进程序运行，相应交通指示灯循环亮灭。

练习题

1．并行流程模式的状态流程图在分支和汇合上有什么特点？

2．设计出图 3.14 所示状态流程图对应的步进程序。

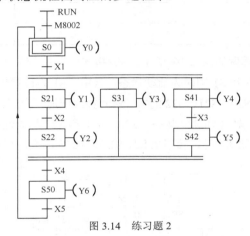

图 3.14　练习题 2

|*任务四　应用混合流程模式实现电动机三速控制|

任务引入

　　本任务介绍的电动机三速控制系统来源于生产线实际设备，PLC 程序由步进指令编写，综合了单流程、选择流程和并行流程模式，程序语句简练，控制功能较强。在硬件方面使用了 PLC 变频器调速系统，可以进行电动机的低、中、高三速控制，电路特点如下。

　　（1）为了便于操作，启动与调速共用一个按钮。

　　（2）满足平稳启动，高速生产的工艺要求。每当按下启动/调速按钮时，电动机逐级升速，即启动→低速状态→中速状态→高速状态。

　　（3）在高速状态下可以降为中速状态来处理生产问题，即在高速状态按下启动/调速按钮时，电动机从高速状态→中速状态。处理完毕后按下启动/调速按钮时，电动机从中速状态→高速状态。

　　（4）在任何状态下按下停止按钮，电动机立即停止。

PLC 变频器调速系统控制线路如图 3.15 所示，输入/输出端口分配见表 3.7。三相交流电源通过断路器 QF 连接到三菱变频器的电源输入端子 L1、L2、L3。三相异步电动机连接到变频器的交流电源输出端子 U、V、W。SD 为变频器控制信号公共端，与 PLC 的输出公共端 COM1 连接。STF 为变频器的正转控制端，与 PLC 的输出端 Y0 连接。RL、RM、RH 分别为变频器的低速、中速、高速控制端，分别与 PLC 的输出端 Y1、Y2、Y3 连接。

表 3.7 　　　　　　　　　　　　　　输入/输出端口分配表

输　　入			输　　出	
输入端口	输入元件	作用	输出端口	控制对象
X0	SB1（常开按钮）	启动/调速	Y0	变频器正转控制端 STF
X1	SB2（常闭按钮）	停止	Y1	变频器低速控制端 RL
			Y2	变频器中速控制端 RM
			Y3	变频器高速控制端 RH

电动机三速控制状态流程图如图 3.16 所示。S0 和 S1 为并行流程模式，程序运行时初始脉冲 M8002 使初始状态继电器 S0 和 S1 同时为活动状态，其中，S1 为设置状态，用 M8000 的常开触点控制变频器的正转输出，用 S20、S21、S22 的常开触点控制低速、中速、高速控制端。S0 为单流程模式，转移条件 X0 满足时，转移到 S20 状态。S20、S21 和 S22 均为选择流程模式，例如，在 S20 状态中，当按下启动/调速按钮 X0 时，转移至 S21 状态；当按下停止按钮 X1 时，转移至 S0 状态。

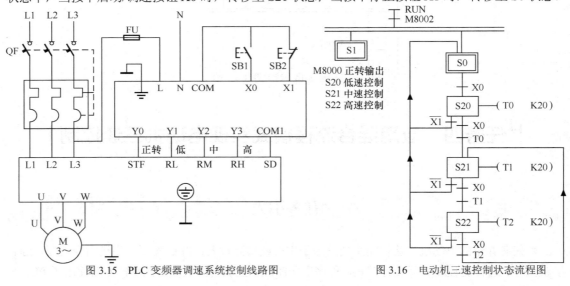

图 3.15　PLC 变频器调速系统控制线路图　　　　　图 3.16　电动机三速控制状态流程图

相关知识

将固定电压和频率的交流电变换为可变电压和频率的交流电的装置称为变频器。变频器先通过整流将交流电变换为直流电，再将直流电变换为电压和频率可调的三相交流电去驱动三相异步电动机，由于异步电动机的转速与电源频率成正比，所以电动机可以平滑调速。

在变频器上通常都有主电路接线端和控制电路接线端。控制电路的功能可分为正反转方向控制，以及低速、中速、高速控制等。例如，三菱 FR-E540 通用变频器的低速、中速、高速频率出厂设定值分别为 10Hz、30Hz、50Hz。有关变频器详细内容，请查阅课题七。

任务实施

一、编写电动机三速控制程序

电动机的三速控制程序如图 3.17 所示，程序工作原理如下。

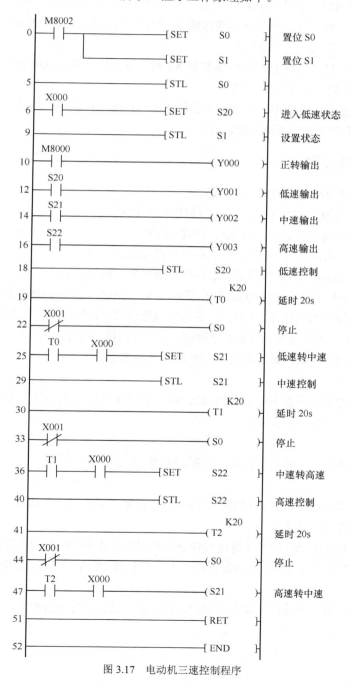

图 3.17 电动机三速控制程序

（1）程序步 0～4，初始脉冲 M8002 使 S0 和 S1 同时为活动状态。

（2）程序步 5～8，当按下启动/调速按钮 X0 时，从 S0 状态转移到 S20 状态（低速）。

（3）程序步 9～17，Y0 在 M8000 触点控制下始终处于通电状态，控制变频器正转。当 S20、S21 和 S22 分别为活动状态时，其常开触点闭合，Y1、Y2 和 Y3 分别通电，接通变频器低速、中速和高速控制端。由于 S1 状态没有转移方向，所以 S1 始终为活动状态。

（4）程序步 18～28，当按下启动/调速按钮 X0 时，从 S20 转移到 S21 状态（中速）；当按下停止按钮 X1 时，从 S20 返回到 S0 状态。

（5）程序步 29～39，当按下启动/调速按钮 X0 时，从 S21 转移到 S22 状态（高速）；当按下停止按钮 X1 时，从 S21 返回到 S0 状态。

（6）程序步 40～51，当按下启动/调速按钮 X0 时，从 S22 转移到 S21 状态（中速）；当按下停止按钮 X1 时，从 S22 返回到 S0 状态。

由于启动/调速按钮 X0 在多个状态中充当转移条件，所以在程序中使用了延时 2s 的定时器 T0、T1 和 T2，从而限制程序不能连续转移。

二、模拟操作步骤

本任务只进行模拟操作，不接入变频器。

（1）接通 PLC 电源，将图 3.17 所示步进程序写入 PLC。

（2）使 PLC 处于运行状态，并进入程序监控状态。

（3）PLC 上输入指示灯 X1 应点亮，表示停止按钮连接正常。

（4）PLC 上输出指示灯 Y0 应点亮，表示接通变频器正转控制端。

（5）第 1 次按下启动/调速按钮 X0，输出指示灯 Y1 应点亮，表示接通变频器低速控制端；第 2 次按下按钮 X0，输出指示灯 Y2 应点亮，表示接通变频器中速控制端；第 3 次按下按钮 X0，输出指示灯 Y3 应点亮，表示接通变频器高速控制端；第 4 次按下按钮 X0，输出指示灯 Y2 应点亮，表示接通变频器中速控制端；第 5 次按下按钮 X0，输出指示灯 Y3 应点亮，表示接通变频器高速控制端。

（6）无论在何种状态下按下停止按钮 X1，输出指示灯 Y1、Y2、Y3 均熄灭，表示变频器速度控制端全部断开，变频器停止输出。

练习题

1．如图 3.16 所示电动机 3 速控制状态流程图中，哪些状态属于单流程？哪些状态属于选择流程？哪些状态属于并行流程？

2．试说明图 3.16 所示电动机 3 速控制状态流程图中各状态继电器的功能。

3．若在图 3.17 所示电动机 3 速控制程序中去掉定时器 T0、T1 和 T2，还能满足控制要求吗？会出现什么现象？

4．图 3.18 所示为一个按时间顺序控制的动作流程，试设计其步进程序。

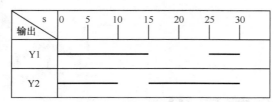

图 3.18 练习题 4

课题四
PLC 功能指令的应用

PLC 是一种工业控制计算机，具有计算机系统特有的运算控制功能。PLC 的功能指令主要包括数据传送与比较、算术运算、程序流程控制、数码显示等。利用 PLC 的功能指令，可以实现较复杂的控制。

| 任务一　应用数据传送指令实现电动机丫—△降压启动控制 |

任务引入

三相交流异步电动机丫—△降压启动控制线路如图 4.1 所示，PLC 输入/输出端口分配见表 4.1。要求应用数据传送指令编写电动机丫—△降压启动程序，并具有启动/报警显示，指示灯在启动过程中亮，启动结束时灭。如果发生电动机过载，停机并且灯光报警。

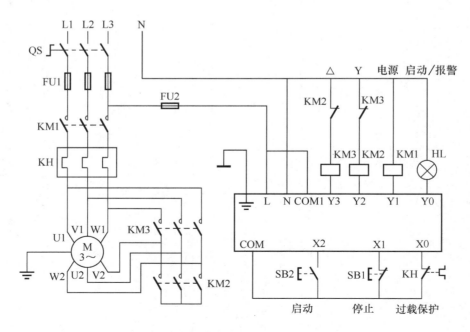

图 4.1　电动机丫—△降压启动控制线路

表 4.1　　　　　　　　　　　　　　　　　　输入/输出端口分配表

输　入			输　出		
输入端口	输入元件	作用	输出端口	输出元件	作用
X0	KH（常闭触头）	过载保护	Y0	HL	启动/报警
X1	SB1（常闭按钮）	停止	Y1	KM1	接通电源
X2	SB2（常开按钮）	启动	Y2	KM2	丫形连接
			Y3	KM3	△形连接

相关知识

一、位元件与字元件

1．位元件

只具有 ON 或 OFF 两种状态的元件称为位元件。常用的位元件有输入继电器 X，输出继电器 Y，辅助继电器 M 和状态继电器 S。例如，X0、Y5、M100 和 S20 等都是位元件。

对位元件只能逐个操作，例如，取 X0 的状态用取指令"LD　X0"完成。如果取多个位元件状态，例如，取 X0～X7 的状态，就需要 8 条"取"指令语句，程序较烦琐。将多个位元件按一定规律组合成字元件后，便可以用一条功能指令语句同时对多个位元件进行操作，将大大提高编程效率和处理数据的能力。

2．字元件

字元件包括位组件和各类数据寄存器。FX 系列 PLC 的字元件最少 4 位，最多 32 位。字元件范围见表 4.2。

表 4.2　　　　　　　　　　　　　　　　　　字元件范围

符　号	表　示　内　容
KnX	由输入继电器位元件组合的字元件，也称为输入位组件
KnY	由输出继电器位元件组合的字元件，也称为输出位组件
KnM	由辅助继电器位元件组合的字元件，也称为辅助位组件
KnS	由状态继电器位元件组合的字元件，也称为状态位组件
T	定时器 T 的当前值寄存器
C	计数器 C 的当前值寄存器
D	数据寄存器
V、Z	变址寄存器

（1）位组件。多个位元件按一定规律的组合叫位组件，例如，输出位组件 KnY0，其中 K 表示十进制，n 表示组数，n 的取值为 1～8，每组有 4 个位元件，Y0 是输出位组件的最低位。KnY0 的全部组合及适用指令范围见表 4.3。

表 4.3   KnY0 的全部组合及适用指令范围

指令适用范围		KnY0	包含的位元件最高位~最低位	位元件个数
n 取值 1~8 适用 32 位指令	n 取值 1~4 适用 16 位指令	K1Y0	Y3~Y0	4
		K2Y0	Y7~Y0	8
		K3Y0	Y13~Y0	12
		K4Y0	Y17~Y0	16
	n 取值 5~8 只能使用 32 位指令	K5Y0	Y23~Y0	20
		K6Y0	Y27~Y0	24
		K7Y0	Y33~Y0	28
		K8Y0	Y37~Y0	32

位组件的最低位可以任选，但为了避免混乱，建议采用以 0 结尾的位元件，例如，用 X0、Y10、M50 等作为位组件的最低位。

（2）数据寄存器 D、V、Z。数据寄存器主要用于存储运算数据，可以对数据寄存器进行"读出"和"写入"操作。FX 系列 PLC 的数据寄存器全是 16 位（最高位为正负符号位，0 表示正数，1 表示负数）。地址编号相邻的两个数据寄存器可以组合为 32 位（最高位为正负符号位），在指令语句中确定低位元件编号后，高位元件编号的数据寄存器自动被占用。通常低位数据寄存器用偶数地址编号，如图 4.2 所示。

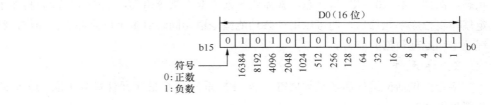

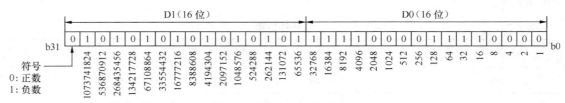

图 4.2   16 位与 32 位数据寄存器结构

FX$_{2N}$ 系列 PLC 数据寄存器元件编号与功能见表 4.4。

表 4.4   数据寄存器 D、V、Z 元件编号与功能表

通用	停电保持用（可用程序变更）	停电保持专用（不可变更）	特殊用	变址用
D0~D199 共 200 点	D200~D511 共 312 点	D512~D7999 共 7488 点	D8000~D8195 共 106 点	V7~V0、Z7~Z0 共 16 点

16 位数据寄存器所能表示的有符号数的范围为 −32768~+32767，所能表示的十六进制数的范围为 H0~H0FFFF。

32 位数据寄存器所能表示的有符号数的范围为 −2147483648~+2147483647，所能表示的十六进制数的范围为 H0~H0FFFF FFFF。

二、数据传送指令MOV

数据传送指令MOV的助记符、操作数等指令属性见表4.5。

表4.5
MOV指令

传 送 指 令		操 作 数	
D（32位）	FNC12 MOV	S（源）	K、H、KnX、KnY、KnM、KnS、T、C、D、V、Z
P（脉冲型）		D（目标）	KnY、KnM、KnS、T、C、D、V、Z

功能指令的使用说明如下。

（1）FX$_{2N}$系列PLC功能指令编号为FNC0～FNC246，有些功能编号是预留的，实际有130个功能指令。

（2）功能指令分为16位指令和32位指令。功能指令默认是16位指令，加上前缀D是32位指令，如DMOV。

（3）功能指令默认是连续执行方式，即在每一个扫描周期内都执行一次。加上后缀P表示为脉冲执行方式，如MOVP。脉冲执行方式仅在执行条件满足时的第一个扫描周期内执行（只执行一次）。

32位指令和脉冲执行方式可以同时使用，如DMOVP，表示32位脉冲数据传送指令。

（4）多数功能指令有操作数。执行指令后其内容不变的称为源操作数，用S表示，如果有多个源操作数，用S1，S2…分别表示。被刷新内容的称为目标操作数，用D表示，如果有多个目标操作数，用D1，D2…分别表示。功能指令一般格式如图4.3所示。

数据传送指令MOV的功能是将源操作数的数据传送到目标操作数中，也可以传送常数K（十进制）或H（十六进制）。数据传送指令执行后，源操作数的数据不变，目标操作数的数据刷新。在PLC断电或下次刷新之前，即使执行条件不存在，目标操作数的数据也保持不变。数据传送指令MOV有32位操作方式，使用前缀D。有脉冲操作方式，使用后缀P。16位、32位数据传送指令分别占5个、9个程序步长。

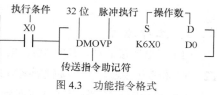

图4.3 功能指令格式

任务实施

一、编写控制程序

1. 工作过程与对应控制编码

Y—△降压启动工作过程和对应控制编码表见表4.6。

表4.6
Y—△降压启动工作过程和对应控制编码表

操作元件	状 态	输入端口	输出端口/负载				控制编码
			Y3/KM3	Y2/KM2	Y1/KM1	Y0/HL	
SB2	Y形启动T0延时10s	X2	0	1	1	1	K7
	T0延时到T1延时1s		0	0	1	1	K3
	T1延时到△形运转		1	0	1	0	K10
SB1	停止	X1	0	0	0	0	K0
KH	过载保护	X0	0	0	0	1	K1

2．程序梯形图

电动机丫—△降压启动程序梯形图如图 4.4 所示。

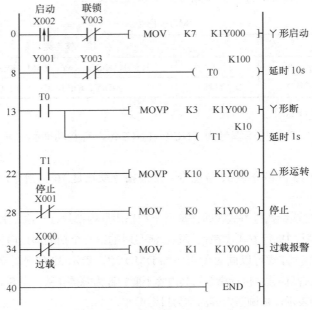

图 4.4　电动机丫—△降压启动程序

3．工作原理

（1）丫形连接启动，延时 10s。按下启动按钮 X2，执行数据传送指令（传送十进制数据 K7），Y2、Y1 和 Y0 接通。丫形接触器 KM2 和电源接触器 KM1 通电，电动机丫形启动。指示灯 HL 通电亮表示启动中。Y1 触点通使定时器 T0 通电延时 10s。

（2）丫形连接分断，等待 1s。T0 延时到，T0 触点通，执行脉冲数据传送指令（传送 K3），Y1 和 Y0 保持接通，电源接触器 KM1 保持通电，指示灯 HL 通电亮表示启动中。Y2 断电，丫接触器 KM2 断电，同时定时器 T1 通电延时 1s。

（3）△形连接运转。T1 延时到，T1 触点通，执行脉冲数据传送指令（传送 K10），Y1 和 Y3 接通，电源接触器 KM1 保持通电，△形接触器 KM3 通电，电动机△形连接运转。指示灯 HL 灭表示启动过程结束。

（4）停机。按下停止按钮 X1，执行数据传送指令（传送 K0），Y0～Y3 全部断开，电动机断电停止。

（5）过载保护。在正常情况下，热继电器常闭触头接通输入端口 X0，使 X0 常闭触点断开，不执行数据传送指令；当发生过载时，热继电器常闭触头分断，输入端口 X0 断电，X0 常闭触点闭合，执行数据传送指令（传送 K1），Y3、Y2 和 Y1 断开，电动机断电停止。Y0 通电，指示灯 HL 亮报警。

二、操作步骤

（1）按图 4.1 所示连接三相交流电动机丫—△降压启动控制线路。

（2）将图 4.4 所示程序写入 PLC。

（3）使 PLC 处于运行状态，并进入程序监控状态。

（4）PLC 上输入指示灯 X0 应点亮，表示热继电器 KH 工作状态正常。

（5）PLC 上输入指示灯 X1 应点亮，表示停止按钮连接正常。

（6）按下启动按钮 SB2，电动机丫形降压启动。10s 后，丫形接触器断电。延时 1s 后，△形接触器通电，电动机△形运转。在启动过程中，指示灯 HL 亮。

（7）按下停止按钮 SB1，电动机停止。

（8）过载保护。在电动机运转中断开热继电器常闭触头与 X0 的连线，模拟过载现象，则电动机停止，指示灯亮报警。

练习题

1. 什么是位元件？什么是字元件？

2. 说明下列字元件分别是由哪些位元件组合，表示多少位数据？

K1X0	K2M10	K8M0
K4S0	K2Y0	K3X10

3. 16 位数据和 32 位数据的存储范围各是多少？

4. 执行指令语句"MOVP K5 K1Y0"后，Y3～Y0 的位状态是什么？

5. 设有 8 盏照明灯，控制要求是：当 X0 接通时，全部灯亮；当 X1 接通时，1～4 盏灯亮；当 X2 接通时，5～8 盏灯亮；当 X3 接通时，全部灯灭。试用数据传送指令编写程序。

| 任务二   应用触点比较指令实现彩灯循环控制 |

任务引入

夜晚走在城市的街道上，常常可以看到各种装饰灯或广告灯五光十色、变化多端，这些彩灯可以用 PLC 来控制。例如，8 路彩灯的显示模式见表 4.7，共有 10 个显示状态，每秒钟变换一次，整个过程往复循环，灯光移动速度可以调整。

表 4.7   灯光显示与控制编码表

状 态	灯 光 显 示								控 制 编 码
0	○	○	○	○	○	○	○	○	H00
1	●	●	●	●	●	●	●	●	H0FF
2	○	○	○	○	○	○	○	○	H00
3	●	○	○	○	○	○	○	●	H81
4	○	●	○	○	○	○	●	○	H42
5	○	○	●	○	○	●	○	○	H24
6	○	○	○	●	●	○	○	○	H18
7	○	○	●	○	○	●	○	○	H24
8	○	●	○	○	○	○	●	○	H42
9	●	○	○	○	○	○	○	●	H81

注：表 4.7 中"●"表示灯亮，"○"表示灯灭

彩灯控制线路如图 4.5 所示，PLC 输入/输出端口分配见表 4.8。

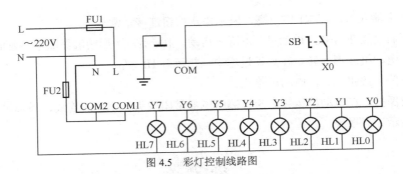

图 4.5 彩灯控制线路图

表 4.8 输入/输出端口分配表

输　入			输　出	
输入端口	输入元件	作用	输出端口	控制对象
X0	SB	运行旋钮	Y7～Y0	HL7～HL0

相关知识

一、触点比较指令

触点比较指令常用于比较、判断和选择控制。在程序梯形图中，触点比较指令以常开触点的形式出现，当符合比较条件时，常开触点闭合；当不符合比较条件时，常开触点分断。16 位触点比较指令的助记符、操作数等指令属性见表 4.9。

表 4.9 16 位触点比较指令表

触 点 类 型	FNC 编号	助 记 符	比 较 条 件	逻 辑 功 能
取比较触点	224	LD=	$S1=S2$	S1 与 S2 相等
	225	LD>	$S1>S2$	S1 大于 S2
	226	LD<	$S1<S2$	S1 小于 S2
	228	LD<>	$S1≠S2$	S1 与 S2 不相等
	229	LD<=	$S1≤S2$	S1 小于等于 S2
	230	LD>=	$S1≥S2$	S1 大于等于 S2
串联比较触点	232	AND=	$S1=S2$	S1 与 S2 相等
	233	AND >	$S1>S2$	S1 大于 S2
	234	AND <	$S1<S2$	S1 小于 S2
	236	AND <>	$S1≠S2$	S1 与 S2 不相等
	237	AND <=	$S1≤S2$	S1 小于等于 S2
	238	AND >=	$S1≥S2$	S1 大于等于 S2
并联比较触点	240	OR=	$S1=S2$	S1 与 S2 相等
	241	OR>	$S1>S2$	S1 大于 S2
	242	OR<	$S1<S2$	S1 小于 S2
	244	OR<>	$S1≠S2$	S1 与 S2 不相等
	245	OR<=	$S1≤S2$	S1 小于等于 S2
	246	OR>=	$S1≥S2$	S1 大于等于 S2

二、触点比较指令的应用

触点相等取比较指令的应用如图 4.6 所示。D0 中存储数据与常数 K100 相比较，如果两者相等，比较触点闭合，Y0 通电；如果不相等，比较触点断开，Y0 断电。

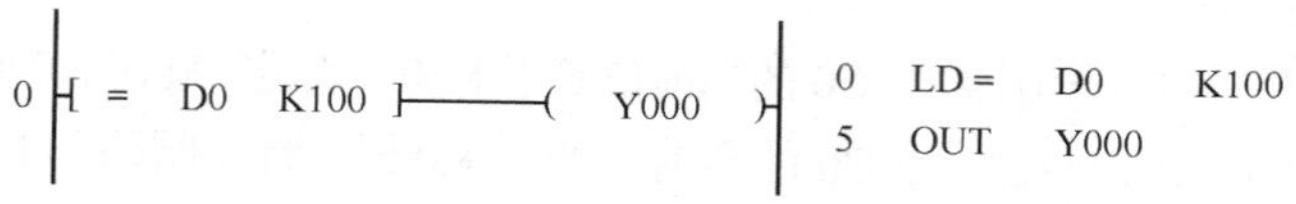

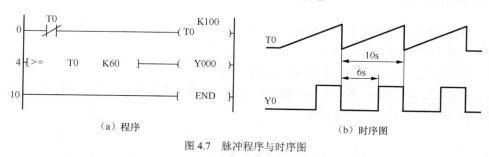

图 4.6　触点相等取比较指令应用举例

应用触点比较指令产生断电 6s、通电 4s 的脉冲信号的程序与时序图如图 4.7 所示。T0 的设定值为 100，接成自复位电路，产生 10s 的振荡周期信号。当 T0 的当前值等于或大于 60 时，比较触点接通，Y0 通电；当 T0 等于 10s 时，T0 复位，Y0 断电。

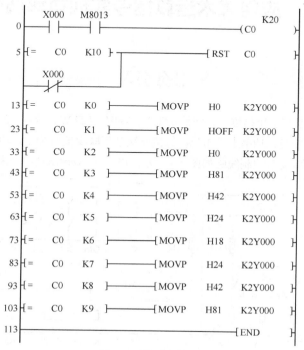

（a）程序　　　　　　　　　　　　　（b）时序图

图 4.7　脉冲程序与时序图

任务实施

一、编写控制程序

彩灯控制程序如图 4.8 所示，工作原理如下。

图 4.8　彩灯控制程序

（1）计数。程序步 0～4，当运行旋钮 X0 接通时，计数器 C0 对秒脉冲信号 M8013 计数，即彩灯状态变化速度为 1 次/s。

（2）复位。程序步 5～12，当计数器 C0 的当前值等于 K10，或运行旋钮 X0 断开时，C0 复位清零。

（3）比较输出。程序步 13～22，当 C0 的当前值等于 K0 时，将控制编码 H0 写入字元件 K2Y0，使 Y7～Y0 断电，8 盏灯全灭。

（4）比较输出。程序步 23～32，当 C0 的当前值等于 K1 时，将控制编码 H0FF 写入字元件 K2Y0，使 Y7～Y0 通电，8 盏灯全亮。以下程序语句分析类同。

二、操作步骤

（1）按图 4.5 所示连接彩灯控制线路。

（2）将图 4.8 所示程序写入 PLC。

（3）使 PLC 处于运行状态，并进入程序监控状态。

（4）接通运行旋钮 X0，彩灯由显示状态 0 至显示状态 9 循环变化，变化速度为 1 次/s。

（5）断开运行旋钮 X0，彩灯熄灭。

练习题

1．某设备有 5 台电动机，要求每台电动机间隔 5s 顺序启动，停止按钮和过载保护均使用常闭触头。试利用触点比较指令和置位/复位指令编写控制程序。

2．图 4.8 所示程序中彩灯变化速度是多少？如果要求彩灯变化速度 2 次/s，如何修改程序？

|任务三　应用算术运算指令实现功率调节控制|

任务引入

某加热器的功率调节有 7 个挡位，分别是 0.5kW、1kW、1.5kW、2kW、2.5kW、3kW 和 3.5kW。每按一次功率增加按钮 SB2，功率上升 1 挡；每按一次功率减少按钮 SB3，功率下降 1 挡；按停止按钮 SB1，停止加热。功率调节控制线路如图 4.9 所示，PLC 输入/输出端口分配见表 4.10。

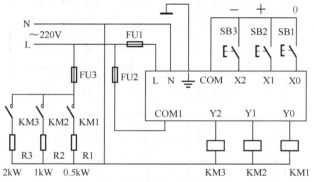

图 4.9　加热器的功率调节控制线路

表 4.10 输入/输出端口分配表

输　　入			输　　出		
输入端口	输入元件	作用	输出端口	交流接触器	电热元件
X0	SB1（常开按钮）	停止加热	Y0	KM1	R1/0.5kW
X1	SB2（常开按钮）	功率增加	Y1	KM2	R2/1kW
X2	SB3（常开按钮）	功率减少	Y2	KM3	R3/2kW

相关知识——算术运算指令

PLC 的算术运算指令包括加、减、乘、除运算和增 1、减 1 等运算。

一、加法指令 ADD

加法指令 ADD 的助记符、操作数等指令属性见表 4.11。

表 4.11 ADD 指令

加法指令		操　　作　　数		程　序　步
功能号	助记符	被加数 S1，加数 S2	和 D	
FNC20	ADD	K、H、KnX、KnY、KnM、KnS、T、C、D、V、Z	KnY、KnM、KnS、T、C、D、V、Z	ADD、ADDP：7 步 DADD、DADDP：13 步

1．加法指令 ADD 的说明

（1）加法运算是代数运算。

（2）若相加结果为 0，则零标志位 M8020 = 1，可用来判断两个数是否相反数。

（3）加法指令可以进行 32 位操作方式。例如，指令语句"DADD　D0　D10　D20"的操作数构成如图 4.10 所示。被加数的低 16 位在 D0 中，高 16 位在 D1 中；加数的低 16 位在 D10 中，高 16 位在 D11 中；"和"的低 16 位在 D20 中，高 16 位在 D21 中。

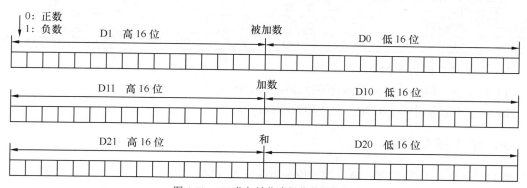

图 4.10　32 位加法指令操作数的构成

2．加法指令 ADD 的举例

（1）常数与数据寄存器中存储的数据相加，结果存储到数据寄存器。程序如图 4.11 所示，如果 X0 触点闭合，执行加法指令。被加数为 5，加数为 10（存储在数据寄存器 D50），加法运算的结果 15 存储在 D60。

（2）算术运算结果可以直接控制字元件。程序如图 4.12 所示，如果 X0 触点闭合，加法运算结果（3+7 = 10）送到字元件 K1Y0，输出端口 Y1、Y3 通电，Y0、Y2 断电。

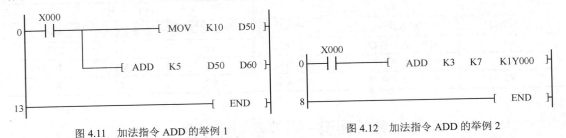

图 4.11　加法指令 ADD 的举例 1　　　　图 4.12　加法指令 ADD 的举例 2

二、减法指令 SUB

减法指令 SUB 的助记符、操作数等指令属性见表 4.12。

表 4.12　　　　　　　　　　　　　　　　　SUB 指令

减 法 指 令		操　作　数		程　序　步
功能号	助记符	被减数 S1，减数 S2	差 D	
FNC21	SUB	K、H、KnX、KnY、KnM、KnS、T、C、D、V、Z	KnY、KnM、KnS、T、C、D、V、Z	SUB、SUBP：7 步 DSUB、DSUBP：13 步

减法指令 SUB 的说明如下。

（1）减法运算是代数运算。

（2）若相减结果为 0 时，则零标志位 M8020 = 1，可用来判断两个数是否相等。

（3）SUB 可以进行 32 位操作方式。

三、加 1 指令 INC

加 1 指令 INC 的助记符、操作数等指令属性见表 4.13。

表 4.13　　　　　　　　　　　　　　　　　INC 指令

加 1 指令		操　作　数	程　序　步
功能号	助记符	D	
FNC24	INC	KnY、KnM、KnS、T、C、D、V、Z	INC、INCP：3 步；DINC、DINCP：5 步

加 1 指令 INC 的说明如下。

（1）INC 指令的执行结果不影响零标志位 M8020。

（2）在实际控制中，INC 指令要使用脉冲操作方式。

四、减 1 指令 DEC

减 1 指令 DEC 的助记符、操作数等指令属性见表 4.14。

表 4.14　　　　　　　　　　　　　　　　　DEC 指令

减 1 指令		操　作　数	程　序　步
功能号	助记符	D	
FNC25	DEC	KnY、KnM、KnS、T、C、D、V、Z	DEC、DECP：3 步；DDEC、DDECP：5 步

减 1 指令 DEC 的说明如下。

（1）DEC 指令的执行结果不影响零标志位 M8020。

（2）在实际控制中，DEC 指令要使用脉冲操作方式。

任务实施

一、编写控制程序

1. 输出功率与字元件关系（见表 4.15）

表 4.15　　　　　　　　　　　输出功率与字元件关系表

输出功率（kW）	字元件 K1M0/输出端 Y				字元件数据
	M3	M2/Y2	M1/Y1	M0/Y0	
0	0	0	0	0	0
0.5	0	0	0	1	1
1	0	0	1	0	2
1.5	0	0	1	1	3
2	0	1	0	0	4
2.5	0	1	0	1	5
3	0	1	1	0	6
3.5	0	1	1	1	7

2. 功率调节程序

功率调节程序如图 4.13 所示。分析表 4.15 所列数据可知，输出功率与字元件数据成线性正比关系，因为每按下一次功率增/减按钮，字元件数据应做增 1 或减 1 变化，相应功率增/减 0.5kW，所以程序中要应用增 1 或减 1 指令。在程序中如果使用字元件 K1Y0，程序指令语句会更短，但占用了输出端口 Y3。因此，使用字元件 K1M0，由辅助继电器 M 控制输出端口 Y。

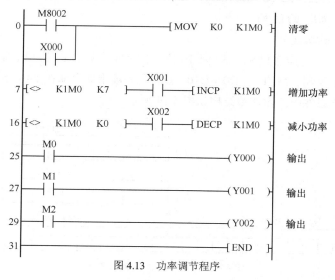

图 4.13　功率调节程序

程序运行后，由于初始化脉冲 M8002 使 K1M0＝0，所以 Y2～Y0 无输出。

当按下功率增加按钮 SB2 时，X1 常开触点闭合，K1M0 数据加 1，M2～M0 的常开触点对应控制 Y2～Y0 通断电。当达到最大功率时，K1M0=7，比较触点断开，即使再按下 SB2，功率仍为最大值。

当按下功率减少按钮 SB3 时，X2 常开触点闭合，K1M0 数据减 1，当输出功率为零时，K1M0=0，比较触点断开，即使再按下 SB3，功率仍为零。

当按下停止按钮 SB1 时，X0 常开触点闭合，K1M0 清零，Y2～Y0 无输出。

二、操作步骤

（1）按图 4.9 所示连接功率控制线路。由于负载电流较大，每个接触器的 3 个主触点可并接使用。在实习中，发热元件 R1、R2、R3 可用白炽灯代替。

（2）将图 4.13 所示程序写入 PLC。

（3）使 PLC 处于运行状态，并进入程序监控状态。

（4）每按一次功率增加按钮 SB2，功率增加 0.5kW，最大达到 3.5kW；每按一次功率减少按钮 SB3，功率减少 0.5kW，最终为停止加热；随时按停止按钮 SB1，则停止加热。

知识扩展

一、乘法指令 MUL

乘法指令 MUL 的助记符、操作数等指令属性见表 4.16。

表 4.16　　　　　　　　　　　　　　　　MUL 指令

乘 法 指 令		操 作 数		程 序 步
功能号	助记符	被乘数 S1，乘数 S2	积 D	
FNC22	MUL	K、H、KnX、KnY、KnM、KnS、T、C、D、V、Z	KnY、KnM、KnS、T、C、D、V、Z	MUL、MUL P：7 步 DMUL、DMUL P：13 步

1. 乘法指令 MUL 的说明

（1）乘法运算是代数运算。

（2）16 位数乘法。源操作数 S1、S2 是 16 位，目标操作数 D 占用 32 位。

例如，乘法指令语句"MUL　D0　D10　D20"，被乘数存储在 D0，乘数存储在 D10，积则存储在 D21、D20 组件中。操作数结构如图 4.14 所示。

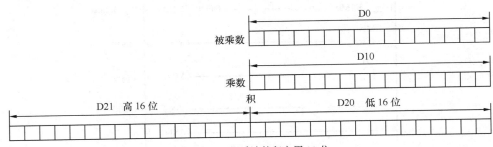

图 4.14　16 位乘法的积占用 32 位

（3）32 位数乘法。源操作数 S1、S2 是 32 位，运算结果的积占用 64 位。

2. 乘法指令 MUL 的举例

运行监控模式的程序梯形图如图 4.15 所示。如果 X0 触点闭合，执行数据传送指令。如果 X1 触点闭合，执行乘法指令，乘法运算的结果（800×200 = 160000）存储在 D21、D20 组件中。

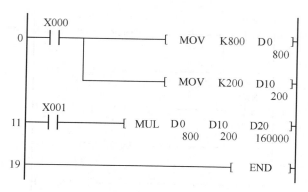

图 4.15　乘法指令 MUL 的举例

二、除法指令 DIV

除法指令 DIV 的助记符、操作数等指令属性见表 4.17。

表 4.17　　　　　　　　　　　　　　　　DIV 指令

除 法 指 令		操 作 数		程 序 步
功能号	助记符	被除数 S1，除数 S2	商 D	
FNC23	DIV	K、H、KnX、KnY、KnM、KnS、T、C、D、V、Z	KnY、KnM、KnS、T、C、D、V、Z	DIV、DIV P：7 步 DDIV、DDIV P：13 步

1. 除法指令 DIV 的说明

（1）除法运算是代数运算。

（2）16 位数除法。源操作数 S1、S2 是 16 位，目标操作数 D 占用 32 位。除法运算的结果商存储在目标操作数的低 16 位，余数存储在目标操作数的高 16 位中。

例如，除法指令语句"DIV　D0　D10　D20"，被除数存储在 D0，除数存储在 D10，商存储在 D20，余数存储在 D21，操作数的结构如图 4.16 所示。

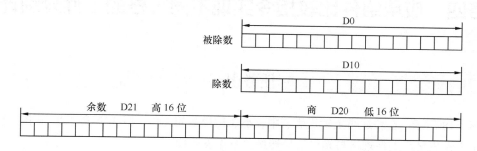

图 4.16　16 位除法的商和余数构成 32 位目标操作数

（3）32 位除法。源操作数 S1、S2 是 32 位，目标操作数是 64 位。除法运算的结果商存储在目标操作数的低 32 位，余数存储在目标操作数的高 32 位。

2. 除法指令 DIV 的举例

运行监控模式的程序梯形图如图 4.17 所示。如果 X0 触点闭合，执行数据传送指令。如果 X1 触点闭合，执行除法指令。除法运算结果的商 7 存储在 D30，余数 1 存储在 D31。可以看出，数据除 2 后根据余数为 1 或为 0 可判断数据的奇偶性。

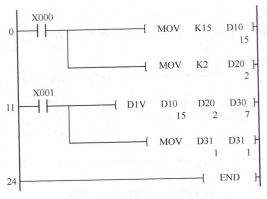

图 4.17　除法指令 DIV 的举例

练习题

1. 编写一个程序，将 K85 传送到 D0，K23 传送到 D10，并完成以下操作：

（1）求 D0 与 D10 的和，结果送到 D20 存储；

（2）求 D0 与 D10 的差，结果送到 D30 存储；

（3）求 D0 与 D10 的积，结果送到 D40、D41 存储；

（4）求 D0 与 D10 的商和余数，结果送到 D50、D51 存储。

2. 编写一个判断数据奇、偶性的程序。将数据传送到 D0，如果（D0）是偶数，则输出 Y0 状态 ON，如果（D0）是奇数，则输出 Y1 状态 ON。

3. 编写一个判断数据是否相等的程序。将数据传送到 D0、D1。如果两数相等，则输出 Y0 状态 ON，如果两数不相等，则输出 Y1 状态 ON。

| 任务四　应用组件比较指令实现不同规格的工件分别计数 |

任务引入

如图 4.18 所示，在传送带上输送大、中、小 3 种规格的工件，用 3 个垂直成一列的光电传感器来判别工件规格，工件规格与光电信号转换关系见表 4.18。

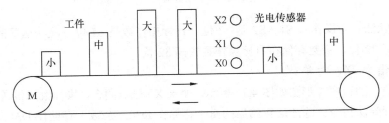

图 4.18　传送带工作台

表 4.18　　　　　　　　　　　　　工件规格与光电信号转换关系

工 件 规 格	光电信号输入控制字 K1M0				光电转换数据
	M3	M2/X2	M1//X1	M0/X0	
小工件	0	0	0	1	K1
中工件	0	0	1	1	K3
大工件	0	1	1	1	K7

编写对小、中、大工件根据规格分别进行统计数量的程序，程序中输入端口和数据寄存器的作用见表 4.19。

表 4.19　　　　　　　　　　　　　输入端口与数据寄存器作用表

输入端口	作　　用	数据寄存器	作　　用
X0	光电信号转换	D200	存储小工件数量
X1	光电信号转换	D201	存储中工件数量
X2	光电信号转换	D202	存储大工件数量
X3	启动计数		
X4	停止计数，清零		

相关知识——组件比较指令

组件比较指令 CMP 的助记符、操作数等指令属性见表 4.20。

表 4.20　　　　　　　　　　　　　　CMP 指令

比 较 指 令		操 作 数	
D	FNC10	S1、S2	K、H、KnX、KnY、KnM、KnS、T、C、D、V、Z
P	CMP	D	Y、M、S

组件比较指令 CMP 对两个源操作数 S1、S2 的数据进行比较，比较结果影响目标操作数 D 相邻的 3 个标志位。在图 4.19 所示程序中，如果 X0 接通，执行组件比较操作，即数据寄存器 D0 与 D10 中存储的数据做比较，比较结果影响相邻的 3 个标志位 M0、M1 和 M2。

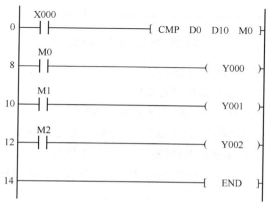

图 4.19　组件比较指令 CMP 应用

标志位的规则：若（D0）>（D10），则 M0 置 1，M1、M2 为 0；若（D0）=（D10），则 M1 置 1，M0、M2 为 0；若（D0）<（D10），则 M2 置 1，M0、M1 为 0。

例如，（D0）=16，（D10）=12，则执行"CMP　D0　D10　M0"指令语句后，标志位 M0 置 1 接通，输出 Y0 通电，而 M1、M2 断开。

任务实施

一、编写工件计数控制程序

用组件比较指令 CMP 编写的按工件规格分别计数的程序如图 4.20 所示，程序工作原理如下。

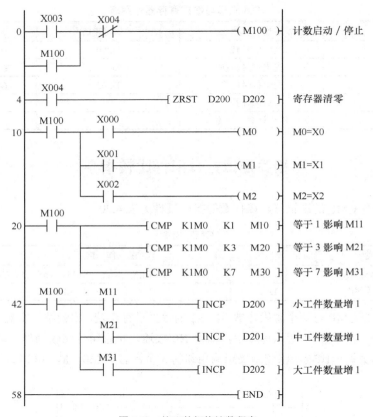

图 4.20　按工件规格计数程序

（1）程序步 0～3，计数启动/停止控制。

（2）程序步 4～9，停止计数时数据寄存器清零。

（3）程序步 10～19，用 X0～X2 的状态分别控制 M0～M2。

（4）程序步 20～41，小工件时字元件 K1M0=1，影响标志位 M11=1；中工件时字元件 K1M0=3，影响标志位 M21=1；大工件时字元件 K1M0=7，影响标志位 M31=1。

（5）程序步 42～57，小、中、大标志位等于 1 时分别使 D200、D201、D202 数据增 1。

二、模拟操作步骤

（1）将 3 个开关分别接入输入端口 X0、X1、X2，用开关通断模拟光电信号。

（2）将 2 个按钮分别接入输入端口 X3、X4。

（3）将图 4.20 所示程序写入 PLC。

（4）使 PLC 处于运行状态，并进入程序监控状态。

（5）按下启动按钮 X3，开始计数。

（6）每接通 X0 开关一次，D200 数据增 1。

（7）先接通 X1 开关，再接通 X0 开关，每次操作 D201 数据增 1。

（8）先接通 X1、X2 开关，再接通 X0 开关，每次操作 D202 数据增 1。

（9）按下停止按钮 X4，停止计数，同时数据寄存器清零。

练习题

1. 设（D0）=166，（D10）=222，则执行"CMP　D0　D10　M0"指令语句后，什么标志位接通？什么标志位断开？

2. 设 X3～X0 全部接通或全部断开，执行"CMP　K1X0　H0F　Y0"指令语句后，什么标志位接通？什么标志位断开？

任务五　应用时钟控制功能实现马路照明灯控制

任务引入

FX 系列 PLC 具有实时时钟控制功能，可以在设定的日期和时间完成预定任务，以马路照明控制为例，说明实时时钟的设置与应用。设马路照明灯由 PLC 输出端口 Y0、Y1 各控制一半，每年夏季（7 月～9 月）每天 19 时 0 分至次日 0 时 0 分灯全部开，0 时 0 分至 5 时 30 分开一半灯。其余季节每天 18 时 0 分至次日 0 时 0 分灯全部开，0 时 0 分至 7 时 0 分开一半灯。

相关知识

一、区间比较指令 ZCP

区间比较指令 ZCP 的助记符、操作数等指令属性见表 4.21。

表 4.21　　　　　　　　　　　区间比较指令 ZCP

区间比较指令		操 作 数	
D	FNC11	S1、S2、S3	K、H、KnX、KnY、KnM、KnS、T、C、D、V、Z
P	ZCP	D	Y、M、S

两个源操作数 S1、S2 分别为区间的下限和上限（通常下限 S1 应小于上限 S2），S3 与区间数据做比较，比较结果影响目标操作数 D 相邻的 3 个标志位。例如，指令语句"ZCP　K100　K500　D0　M0"表示，当（D0）<K100 时，M0 置 1；当 K100≤（D0）≤K500 时，M1 置 1；当（D0）>K500 时，M2 置 1，其余标志位置 0，如图 4.21 所示。

图 4.21 区间比较指令 ZCP 应用

二、时钟专用特殊辅助继电器和特殊数据寄存器

时钟专用特殊辅助继电器和特殊数据寄存器见表 4.22 和表 4.23。

表 4.22 时钟专用特殊辅助继电器

特殊辅助继电器	名 称	功 能
M8015	时钟停止和改写	=1 时钟停止，改写时钟数据
M8016	时钟显示停止	=1 停止显示
M8017	秒复位清零	上升沿时修正秒数
M8018	内装 RTC 检测	平时为 1
M8019	内装 RTC 错误	改写时间数据超出范围时=1

表 4.23 时钟专用特殊数据寄存器

特殊数据寄存器	名 称	范 围
D8013	秒设定值或当前值	0～59
D8014	分设定值或当前值	0～59
D8015	时设定值或当前值	0～23
D8016	日设定值或当前值	1～31
D8017	月设定值或当前值	1～12
D8018	年设定值或当前值	公历 4 位
D8019	星期设定值或当前值	0～6（周日～周六）

任务实施

一、设置时钟信息

设置时钟信息的监控程序如图 4.22 所示，当 X0 触点闭合时，把即时时钟信息 "2016 年 2 月 25 日 15 时 30 分 0 秒和星期四" 写入 PLC 的特殊数据寄存器 D8013～D8019；当 X0 触点断开后，PLC 按设置的时间信息运行。当 X1 触点闭合瞬间，D8013 中的秒数值复位为零，可以用来精确调整时间。

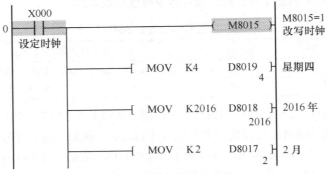

图 4.22 设置时钟信息的程序

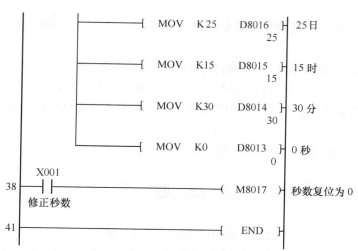

图 4.22　设置时钟信息的程序（续）

二、马路照明灯时钟控制程序

马路照明灯控制程序如图 4.23 所示，程序工作原理如下。

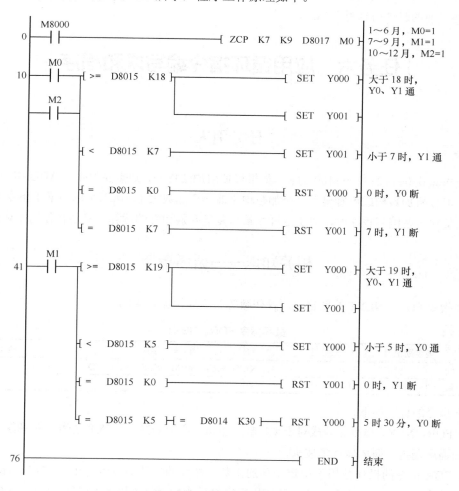

图 4.23　马路照明灯时钟控制程序

（1）程序步 0～9，应用区间比较指令 ZCP 划分月份段，1～6 月，M0 = 1；7～9 月，M1 = 1；10～12 月，M2 = 1。

（2）程序步 10～40，除夏季以外的时钟控制段，当时钟等于或大于 18 时，Y0、Y1 通电，全部灯亮；到次日 0 时 0 分，Y0 断电，只有一半灯亮；到次日 7 时 0 分，Y1 断电，全部灯灭。指令语句"AND< D8015 K7""SET Y1"是为了保证 PLC 在 0 时以后断电重新启动后在规定的亮灯时间段内灯亮。

程序步 41～75，是夏季的时钟控制段，分析方法同上。

练习题

1．填空题：区间比较指令的结果影响相邻的_____个标志位。

2．填空题：执行区间比较指令语句"ZCP K10 K100 C0 M10"后：当 C0 复位时，_____标志位置 1；当 C0 当前值为 1 时，_____标志位置 1；当 C0 当前值为 10 时，_____标志位置 1；当 C0 当前值为 50 时，_____标志位置 1；当 C0 当前值为 100 时，_____标志位置 1；当 C0 当前值为 200 时，_____标志位置 1。

3．将当前的时钟信息写入 PLC。

| 任务六 应用循环指令编写求和程序 |

任务引入

对于求算式 0+1+2+3+…+100 的和，如果仅使用加法指令，则需要 100 个 ADD 指令，程序非常烦琐。但分析加数构成可看出后一个加数均比前一个加数大 1，所以可以用增 1 指令 INC 来实现加数的变化。在编写程序时，对于这样大量重复但有规律性的运算，最适合使用循环指令。

相关知识——循环指令

循环指令 FOR、NEXT 的助记符、操作数等指令属性见表 4.24。

表 4.24 　　　　　　　　　　　　循环指令 FOR、NEXT

指令助记符		操作数	程序步
循环开始	FNC8　FOR	K、H、KnX、KnY、KnM、KnS、T、C、D、V、Z	3
循环结束	FNC9　NEXT	无	1

循环指令的说明如下。

（1）FOR、NEXT 指令必须成对出现，缺一不可。位于 FOR、NEXT 之间的程序称为循环体，在一个扫描周期内，循环体反复被执行。

（2）FOR 指令的操作数用于指定循环的次数，循环的次数的范围为 1～32767，如循环次数 <1 时，被当作 1 处理，只循环一次。只有执行完循环次数后，才执行 NEXT 的下一条指令语句。

（3）如果在循环体内又包含了另外一个循环，称为循环嵌套。循环指令最多允许 5 级循环嵌套。

任务实施

一、编写求和循环程序

用循环指令编写的求 0+1+2+3+⋯+100 和的程序如图 4.24 所示，数据寄存器 D0 存储运算结果，D10 作为循环增量。由于有 100 个加数，所以循环次数为 100，循环体为加法计算。每循环 1 次，D10 中的数据自动加 1，D0 与 D1 相加，计算结果存入 D0 中，循环结束后，D0 中存储的数据为 0+1+2+3+⋯+100 = 5050。X0 是计算控制端，X1 是清零控制端。

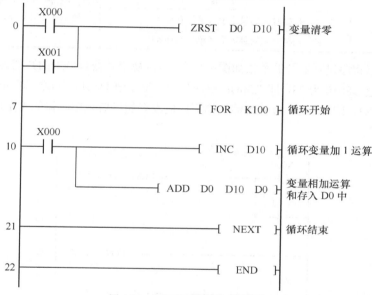

图 4.24 应用循环指令求和的程序

二、操作步骤

（1）接通 PLC 电源，使 PLC 处于编程状态。

（2）将图 4.24 所示程序写入 PLC。

（3）使 PLC 处于运行状态，并进入程序监控状态。

（4）接通 X0，数据寄存器 D0 显示的数值为 5050。

（5）接通 X1，数据寄存器 D0 显示的数值为 0。

知识扩展

一、扫描周期时间参数

FX 系列 PLC 监视定时器的默认时间为 200ms（该数据存储在特殊数据寄存器 D8000 中），当 PLC 工作状态由 STOP→RUN 时，CPU 从程序的第 0 步开始扫描，到执行 FEND 或 END 指令时监视定时器复位。如果由于程序指令语句数量过多或其他原因导致扫描时间超过监视定时器的设定时间，而监视定时器没有复位，则 PLC 停止程序运行，面板 CPU·E 指示灯亮，发出报警信号。

要精确计算 PLC 的扫描周期是比较麻烦的，在实际使用中，可以在程序监控状态下从有关数据寄存器处获得相关参数，有关扫描周期的 5 个数据寄存器见表 4.25。

表 4.25　　　　　　　　　　　　　有关扫描周期的 5 个特殊数据寄存器

数据寄存器编号	内　　容	备　　注
D8000	监视定时器，初始为 200（单位 1ms）	当电源 ON 时，由系统 ROM 传送，可以通过程序更改
D8039	恒定扫描时间，初始值为 0（单位 1ms）	
D8010	当前扫描时间值，由第 0 步开始的累计执行时间（单位 0.1ms）	显示值包括当特殊辅助继电器 M8039 驱动时恒定扫描运行的等待时间
D8011	扫描时间的最小值（单位 0.1ms）	
D8012	扫描时间的最大值（单位 0.1ms）	

对图 4.24 所示程序进行监控的数据如图 4.25 所示。监视定时器 D8000 的数值为 200，即 200ms；扫描时间的当前值 D8010 为 73，即 7.3ms；扫描时间的最小值 D8011 为 40，即 4ms；扫描时间的最大值 D8012 为 83，即 8.3ms。该程序的扫描周期值没有超过监视定时器的设定值，程序可以正常运行。

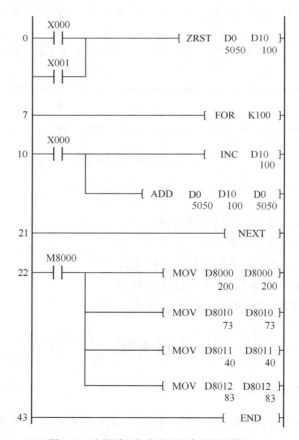

图 4.25　应用循环指令求和程序的监控数据

二、监视定时器刷新指令 WDT

当程序的扫描周期值超过监视定时器的设定值时，必须在程序中插入数个 WDT 指令，将程序分成若干段，使每段程序运行的扫描周期时间小于监视定时器的设定值（即让监视定时器及时刷新）。监视定时器刷新指令 WDT 的助记符、操作数等指令属性见表 4.26。

表 4.26 监视定时器刷新指令 WDT

监视定时器刷新指令		操 作 数	步 数
P	FNC07　WDT	无	1

用 2 级嵌套循环指令编写的求 0+1+2+3+…+10000 和的程序运行监控如图 4.26 所示。程序步序 10～30 为内层循环，内层循环 1000 次。程序步序 7～33 为外层循环，外层循环 10 次。外层每循环 1 次，内层循环 1000 次，所以内层循环体（加法计算）要执行 10×1000=10000 次，外层循环体（WDT 指令）要执行 10 次。循环结束后，D1、D0 组件中存储的和为 50005000。

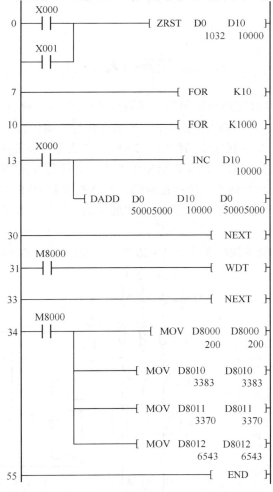

图 4.26 应用 2 级嵌套循环指令求和程序的监控数据

从图 4.26 所示监控数据可以看出，监视定时器 D8000 设定值为 200ms，扫描时间的最大值 D8012 为 654.3ms。由于该程序的扫描周期值超过了监视定时器的设定值，所以将 WDT

指令置于外循环层中，每执行 1000 次加法指令，执行一次 WDT 指令，使监视定时器复位刷新一次，保证了程序正常运行。

练习题

1．填空题：循环指令_____必须成对出现，缺一不可。位于循环指令之间的程序段称为_____。

2．PLC 监视定时器的默认时间是多少？WDT 指令应用于什么情况下？

3．使用循环指令求 0+1+2+3+…+1000 的和，记录该程序的最长扫描时间，并判断是否需要加入 WDT 指令。

任务七 应用跳转指令实现手动/自动工作方式选择控制

任务引入

通常 PLC 程序流程是按照指令语句的步序编号从小到大逐条执行，但根据控制需要，也可以改变程序流程。例如，可以应用跳转指令来选择执行指定的程序段，跳过暂时不需要执行的程序段。应用跳转指令的程序结构如图 4.27 所示，某生产设备在调试工艺生产参数时，需要手动操作方式；正式生产时，需要自动操作方式，这就需要在 PLC 程序中编排手动和自动两个程序段。X3 是手动/自动方式选择控制端，当 X3 状态 OFF 时，执行手动程序段；当 X3 状态 ON 时，执行自动程序段。X3 常开/常闭触点的互非性，使手动、自动两个程序段只能选择其一。

具有手动/自动选择功能的控制线路如图 4.28 所示，PLC 输入/输出端口分配见表 4.27。

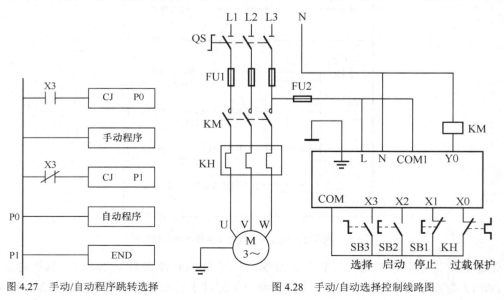

图 4.27 手动/自动程序跳转选择　　　　　图 4.28 手动/自动选择控制线路图

表 4.27   输入/输出端口分配表

输 入			输 出		
输入端口	输入元件	作 用	输出端口	输出元件	控制对象
X0	KH（常闭触头）	过载保护	Y0	KM	电动机 M
X1	SB1（常闭按钮）	停止			
X2	SB2（常开按钮）	启动			
X3	SB3（旋钮）	手动/自动选择			

　　SB3 是手动/自动方式选择旋钮，当 SB3 处于断开状态时，选择手动操作方式；当 SB3 处于接通状态时，选择自动操作方式，不同操作方式进程如下。

　　手动操作方式：按下启动按钮 SB2，电动机运转；按下停止按钮 SB1，电动机停止。

　　自动操作方式：按下启动按钮 SB2，电动机连续运转 1min 后自动停止；按下停止按钮 SB1，电动机立即停止。

相关知识——条件跳转指令

　　条件跳转指令 CJ 的助记符、操作数等指令属性见表 4.28。

表 4.28   CJ 指令

条件跳转指令		操 作 数	程 序 步
功能号	助记符	D	
FNC0	CJ	标号 P0～P127，P63 表示跳到 END	CJ　3 步，标号 P　1 步

1．标号 P 的说明

（1）FX$_{2N}$ 系列 PLC 的标号有 128 点（P0～P127），用于跳转程序和子程序。

（2）标号放置在程序梯形图左母线的左边，一个标号只能出现一次，如出现两次或两次以上，程序报错。

2．跳转指令 CJ 的说明

（1）如果跳转条件满足，则执行跳转指令，程序流程跳到以标号 P 为入口的程序段中执行。否则不执行跳转指令，按指令步序顺序执行下一条指令。

（2）多个跳转指令可以使用同一个标号。

任务实施

一、编写手动/自动方式选择程序

　　手动/自动方式选择程序如图 4.29 所示，因为程序中手动/自动程序段不可能同时被执行，所以程序中的线圈 Y0 不能视为双线圈。程序工作原理如下。

　　（1）手动操作方式。当 SB3 处于断开状态时，X3 常开触点断开，不执行指令语句"CJ　P0"，而顺序执行程序步 4～8 的手动方式程序段。此时，因 X3 常闭触点闭合，执行指令语句"CJ P1"，跳过自动方式程序段到结束指令语句。

（2）自动操作方式。当 SB3 处于接通状态时，X3 常开触点闭合，执行指令语句"CJ P0"，跳过手动方式程序段，执行步 13～22 的自动方式程序段，然后顺序执行结束指令语句。

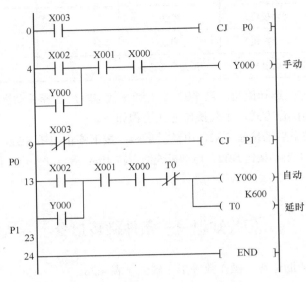

图 4.29　手动/自动两种操作方式程序

二、操作步骤

（1）按图 4.28 所示连接三相交流电动机手动/自动操作方式选择控制线路。

（2）接通 PLC 电源，使 PLC 处于编程状态。

（3）将图 4.29 所示程序写入 PLC。

（4）使 PLC 处于运行状态，并进入程序监控状态。

（5）PLC 上输入指示灯 X0 应点亮，表示热继电器 KH 工作状态正常。

（6）PLC 上输入指示灯 X1 应点亮，表示停止按钮连接正常。

（7）选择手动操作方式。断开 SB3，输入指示灯 X3 熄灭。按下启动按钮 SB2，电动机启动；按下停止按钮 SB1，电动机停止。

（8）选择自动方式。接通 SB3，输入指示灯 X3 亮。按下启动按钮 SB2，电动机启动，1min 后自动停止。在电动机运转过程中，按下停止按钮 SB1，电动机停止。

练习题

1．为什么图 4.29 所示程序中的线圈 Y0 不能视为双线圈？

2．标号 P 放在程序梯形图什么位置上？程序中可以出现相同的标号吗？多个 CJ 指令可以使用同一个标号吗？

3．应用跳转指令，编写一个既能点动控制，又能自锁控制的电动机控制程序。设输入端口 X0 状态 ON 时选择电动机点动控制，X0 状态 OFF 时选择电动机自锁控制。

任务八 应用子程序调用指令编写应用程序

任务引入

在 PLC 程序中，有时会存在多个逻辑功能完全相同的程序段，如图 4.30（a）所示的 D 程序段。为了简化程序结构，可以只设置一个 D 程序段，称为子程序。需要执行 D 程序段时，则调用该子程序，子程序执行完毕，再返回调用它指令的下一条指令处顺序执行。子程序调用与返回的程序结构如图 4.30（b）所示。

子程序位于 FEND 指令的后面，以标号 P 开头，以返回指令 SRET 结束。执行子程序时，程序流程中断主程序，转去执行以标号 P 为入口地址的子程序，子程序结束后，程序流程自动返回主程序中断处顺序执行主程序的下一条指令语句。

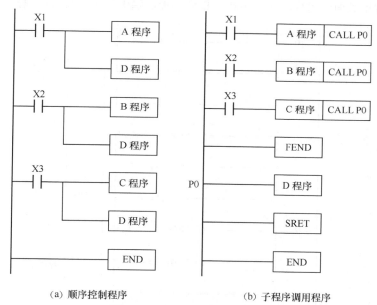

（a）顺序控制程序 （b）子程序调用程序

图 4.30 子程序调用与返回结构

相关知识——子程序调用指令

子程序调用指令 CALL、返回指令 SRET、主程序结束指令 FEND 的助记符、操作数等指令属性见表 4.29。

表 4.29 CALL、SRET、FEND 指令

功能号与指令助记符			操 作 数	程 序 步
P	FNC1	CALL	标号 P0～P62，P64～P127	CALL 3 步，标号 P 1 步
	FNC2	SRET	无	1 步
	FNC6	FEND	无	1 步

子程序调用指令的说明如下所述。

（1）FEND 指令表示主程序结束，END 是指整个程序（包括主程序和子程序）结束。一个完整的程序可以没有子程序，但一定要有主程序。

（2）在子程序中，定时器的使用范围是 T192～T199。

（3）如果在子程序中再调用其他子程序称为子程序嵌套，嵌套总数可达 5 级。

（4）标号 P63 相当于 END。

（5）子程序调用指令 CALL 与跳转指令 CJ 不能使用相同的标号。

任务实施

一、编写包含子程序的应用程序

应用子程序调用指令的程序如图 4.31 所示。程序功能是：当 X1、X2、X3 分别接通时，将相应的数据传送到 D0、D10，然后调用子程序。子程序的功能是加法运算和控制输出，在子程序中，将 D0、D10 的数据做加法运算，结果存储在 D20 并控制输出字元件 K1Y0。程序工作原理如下。

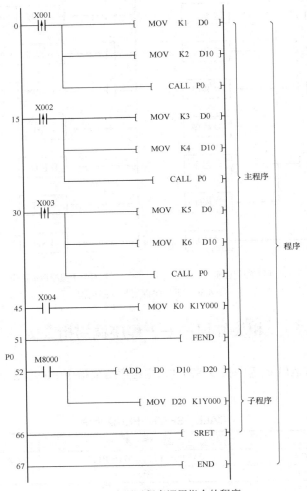

图 4.31　应用子程序调用指令的程序

主程序由步 0～51 组成，子程序由步 52～66 组成。

（1）X1 接通后的动作。在 X1 上升沿的那个扫描周期，将 K1、K2 分别传送到数据寄存器 D0 和 D10 中，然后中断主程序，去调用并执行子程序，子程序的入口地址是 P0（步 52）。

在子程序中将 D0 与 D10 的数据相加，运算结果 K3 存储在 D20，然后用（D20）控制输出字元件 K1Y0，使输出端口 Y3～Y0 的位状态为 0011，即 Y0、Y1 通电，Y2、Y3 断电。子程序的最后一条指令语句是返回指令 SRET，返回到主程序中断处的下一条指令语句。

程序流程是：步 0→步 52→步 66→步 15。

同理可分析 X2、X3 接通时的程序流程和输出结果。

（2）主程序最后一行程序的功能是清零，当 X4 闭合时对输出字元件 K1Y0 清零。

二、操作步骤

（1）接通 PLC 电源，使 PLC 处于编程状态。

（2）将图 4.31 所示程序写入 PLC。

（3）使 PLC 处于运行状态，并进入程序监控状态。

（4）接通 X1，输出指示灯 Y0、Y1 亮；接通 X2，输出指示灯 Y0、Y1、Y2 亮；接通 X3，输出指示灯 Y0、Y1、Y3 亮。

（5）接通 X4，输出指示灯全灭。

练习题

1. 标号 P 放在程序梯形图什么位置上？程序中可以出现相同的标号吗？多个 CALL 指令可以调用同一个标号吗？

2. 填空：子程序以_____开头，以_____指令结束，子程序编写在_____指令的后面。_____指令是指整个程序（包括主程序和子程序）的结束。一个完整的程序可以没有子程序，但一定要有_____。

3. 填空：_____是被调用子程序的入口地址。在子程序结束处一定要使用_____指令，意思是返回主程序中断处去继续执行原来的程序。在子程序中，使用定时器的范围是_____。

4. 跳转指令和子程序调用指令都可以改变程序流程，两者有什么区别？

任务九　组装 5 人竞赛抢答器

任务引入

5 人竞赛抢答器控制线路如图 4.32 所示，PLC 输入/输出端口分配见表 4.30。控制要求是：某参赛选手抢先按下自己的按钮时，则显示该选手的号码，同时联锁其他参赛选手的输入信号无效。主持人按复位按钮清除显示数码后，比赛继续进行。

表 4.30　　　　　　　　　　　　　输入/输出端口分配表

输　　入			输　　出	
输入端口	输入元件	作用	输出端口	控制对象
X0	SB1（常开按钮）	主持人复位	Y0～Y6	a ～ g
X1～X5	SB2～SB6（常开按钮）	参赛选手1～5		七段显示码

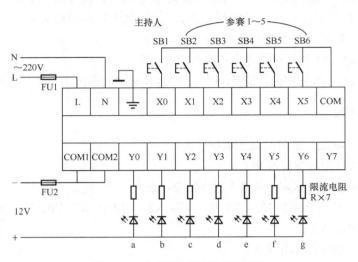

图 4.32　5人竞赛抢答器控制线路图

相关知识

一、七段数码管

　　七段数码管可以显示数码 0～9 和十六进制数码 A～F。图 4.33 所示为发光二极管组成的七段数码管外形和内部结构，七段数码管分共阳极结构（公共端接高电平）和共阴极结构（公共端接低电平）。以共阴极数码管为例，当 a、b、c、d、e、f 段接高电平发光，g 段接低电平不发光时，显示数码"0"；当七段均接高电平发光时，显示数码"8"。

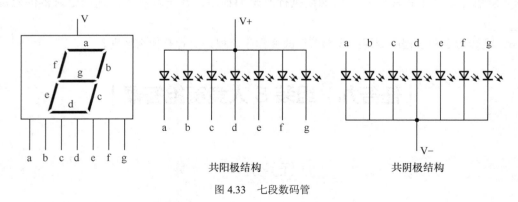

共阳极结构　　　　　　　　　　　　共阴极结构

图 4.33　七段数码管

二、七段显示代码

　　表 4.31 列出十进制数码与七段显示电平和显示代码之间的逻辑关系。

表 4.31   十进制数码与七段显示电平和显示代码逻辑关系

十进制数码		七段显示电平							七段显示码
数 码	显 示 图 形	g	f	e	d	c	b	a	
0		0	1	1	1	1	1	1	H3F
1		0	0	0	0	1	1	0	H06
2		1	0	1	1	0	1	1	H5B
3		1	0	0	1	1	1	1	H4F
4		1	1	0	0	1	1	0	H66
5		1	1	0	1	1	0	1	H6D
6		1	1	1	1	1	0	1	H7D
7		0	0	0	0	1	1	1	H27
8		1	1	1	1	1	1	1	H7F
9		1	1	0	1	1	1	1	H6F

三、七段编码指令 SEGD

对要显示的数码既可以传送七段显示码，也可以由编码指令 SEGD 给出七段显示码。七段编码指令 SEGD 的助记符、操作数等指令属性见表 4.32。

表 4.32   SEGD 指令

七段编码指令		操 作 数		程 序 步
功能号	助记符	S	D	
FNC73	SEGD	K、H 、KnX、KnY、KnM、KnS、T、C、D、V、Z	KnY、KnM、KnS、T、C、D、V、Z	SEGD、SEGDP：5 步

七段编码指令 SEGD 的说明如下。

（1）S 为要编码的源操作组件，D 为存储七段编码的目标操作数。

（2）SEGD 指令是对 4 位二进制数编码，如果源操作组件大于 4 位，只对最低 4 位编码。

（3）SEGD 指令的编码范围为十六进制数字 0～9、A～F。

任务实施

一、编写抢答器程序

5 人竞赛抢答器程序如图 4.34 所示，程序工作原理如下。

主持人和选手 1、2 的指令语句使用传送指令 MOV，将七段显示码传送到输出端。选手 3～5 的指令语句使用编码指令 SEGD，自动编写七段显示码到输出端。为了防止选手提前按下按钮，各选手的按钮对应脉冲上升沿取指令 LDP。

程序步 0～6，主持人按下复位按钮 SB1 时，X0 触点闭合，将 M0 复位。同时将"0"的七段显示码"H3F"传送到 K2Y0，数码管显示数码"0"。

程序步 7～17，选手 1 按下按钮 SB2 时，将"1"的七段显示码"H06"传送到 K2Y0，数码管显示数码"1"。同时 M0 置位，M0 常闭触点断开其他选手的编码电路，起到联锁作用。

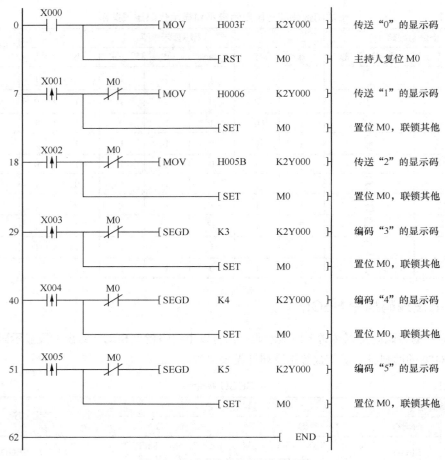

图 4.34　智力竞赛抢答器程序梯形图

程序步 29～39，选手 3 按下按钮 SB4 时，编码指令对 K3 进行编码并送到 K2Y0，数码管显示数码 "3"。同时 M0 置位，联锁其他选手编码电路。

将控制线路和程序稍做修改，便可将参赛选手扩大到 9 人。

二、操作步骤

（1）按图 4.32 所示连接 5 人竞赛抢答器控制线路。

（2）接通 PLC 电源，使 PLC 处于编程状态。

（3）将图 4.34 所示程序写入 PLC。

（4）使 PLC 处于运行状态，并进入程序监控状态。

（5）主持人按下按钮 SB1，开始竞赛，显示数码 "0"。

（6）某选手抢先按下按钮时，则显示相应代码，并联锁其他选手。

（7）主持人按下按钮 SB1 时，显示数码 "0"，重新开始竞赛。

练习题

1．应用七段编码指令 SEGD 编写单个数码管显示控制程序。控制要求：X0 接通时，数码管每秒钟依次显示数码 0～9；X0 断开时，显示数码 0。

2. 应用七段编码指令 SEGD 编写数码显示的 9 人竞赛抢答器程序。

任务十 应用 BCD 码指令实现停车场空车位数码显示

任务引入

某停车场最多可停 50 辆车，用两位数码管显示空车位的数量。用出/入传感器检测进出停车场的车辆数目，每进一辆车停车场空车位的数量减 1，每出一辆车停车场空车位的数量增 1。场内空车位的数量大于 5 时，入口处绿灯亮，允许入场；等于和小于 5 时，绿灯闪烁，提醒待进场车辆注意将满场；等于 0 时，红灯亮，禁止车辆入场。用 PLC 控制的停车场空车位数码显示线路如图 4.35 所示，PLC 需要 2 个输入端，16 个输出端，输入/输出端口分配见表 4.33。

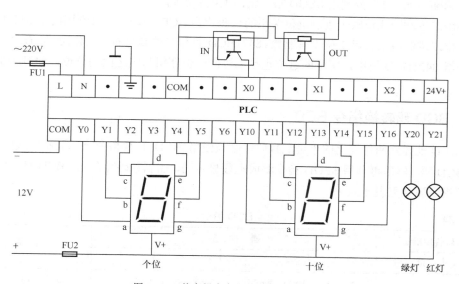

图 4.35 停车场空车位数码显示线路图

表 4.33 输入/输出端口分配表

输 入			输 出	
输入端口	输入元件	作用	输出端口	控制对象
X0	传感器 IN	检测进场车辆	Y6～Y0	个位数码显示
X1	传感器 OUT	检测出场车辆	Y16～Y10	十位数码显示
			Y20	绿灯，允许信号
			Y21	红灯，禁行信号

通常传感器有 3 个端子，分别接 PLC 内部直流电源 24V 的正极、输入公共端 COM（0V）和输入信号端 X。在图 4.35 中，入口传感器 IN 连接 X0，出口传感器 OUT 连接 X1。

两位共阳极数码管的公共端 V+接外部直流电源正极，个位数码管 a～g 段接输出端 Y0～Y6，十位数码管 a~g 段接输出端 Y10~Y16，数码管各段限流电阻已内部连接。红、绿信号灯分别接输出端 Y20 和 Y21。输出公共端 COM（COM1~COM5）接外部直流电源负极。由于输出端动作较频繁，在实际应用中宜选用晶体管输出型 PLC。

相关知识

一、8421BCD 编码

当显示的数码不止一位时，就要使用多个数码管。以两位数码显示为例，可以显示的十进制数值范围为 0~99。

在 PLC 中，参加运算和存储的数据都是以二进制形式存在。如果直接使用七段编码指令 SEGD 对数据进行编码，则会出现差错。例如，十进制数 21 的二进制形式是 0001 0101，对高 4 位应用 SEGD 指令编码，则得到"1"的七段显示码；对低 4 位应用 SEGD 指令编码，则得到"5"的七段显示码，显示的数码"15"是十六进制数，而不是十进制数 21。显然，要想显示"21"，就要先将二进制数 0001 0101 转换成反映十进制进位关系（即逢十进一）的 0010 0001 代码，然后对高 4 位"2"和低 4 位"1"分别用 SEGD 指令编出七段显示码。

这种用二进制形式反映十进制进位关系的代码称为 BCD 码，其中最常用的是 8421BCD 码，它是用 4 位二进制数来表示 1 位十进制数。8421BCD 码与二进制数的形式相同，但概念完全不同，虽然在一组 8421BCD 码中，每位的进位也是二进制，但在组与组之间的进位，8421BCD 码则是十进制。

二、BCD 码转换指令 BCD

要想正确地显示两位以上的十进制数码，必须先用 BCD 转换指令将二进制形式的数据转换成 8421BCD 码，然后再利用 SEGD 指令编成七段显示码，控制数码管发光。BCD 指令的助记符、操作数等指令属性见表 4.34。

表 4.34   BCD 指令

BCD 码转换指令		操 作 数		程 序 步
功能号	助记符	S	D	
FNC18	BCD	KnX、KnY、KnM、KnS、T、C、D、V、Z	KnY、KnM、KnS、T、C、D、V、Z	BCD、BCDP：5 步 DBCD、DBCDP：9 步

BCD 指令的说明。

（1）S 为要转换的源操作数，D 为存储 BCD 编码的目标操作数。

（2）BCD 指令是将源操作数的数据转换成 8421BCD 码存入目标操作数中。在目标操作数中每 4 位表示 1 位十进制数，从低至高分别表示个位，十位，百位，千位……。16 位数据表示的范围为 0~9999，32 位数据表示的范围为 0~99999999。

BCD 指令的应用举例如图 4.36 所示。当触点 X0 闭合时，将 K5028 存入 D0，同时将（D0）= 5028 编为 BCD 码存入字元件 K4Y0，程序执行结果如图 4.37 所示，可以看出，D0 中存储的二进制数据与 K4Y0 中存储的 BCD 码完全不同。K4Y0 以 4 位二进制数为 1 组，从高位至低位分别为千位、百位、十位和个位的 BCD 码。

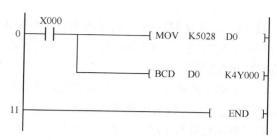

图 4.36　　BCD 指令应用程序

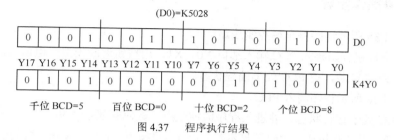

图 4.37　　程序执行结果

任务实施

一、编写停车场控制程序

停车场空车位数码显示程序如图 4.38 所示，工作原理如下。

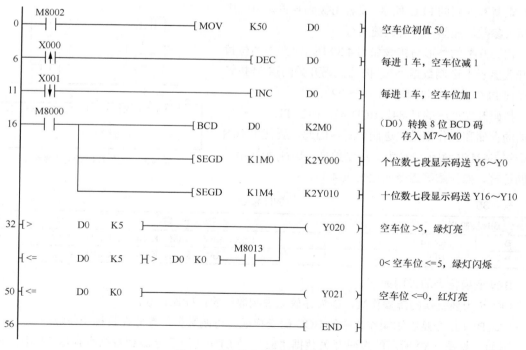

图 4.38　　停车场空车位数码显示程序

（1）程序步 0～5，空车位的初值为 50，数据存储在 D0。

（2）程序步 6～15，传感器检测车辆进出，数据寄存器 D0 的数据减少或增加。

（3）程序步 16～31，将（D0）编为 8421BCD 码存入 8 位字元件 K2M0，将该字元件的低 4 位 M3～M0 编为七段显示码写入输出字元件 K2Y0，控制个位数码管显示；将该字元件的高 4 位 M7～M4 编为七段显示码控制十位数码管显示。

（4）程序步 32～49，如果空车位数量大于 5 时，绿灯常亮，允许车辆入场。如果空车位数量等于和小于 5 并且大于 0 时，绿灯闪烁，提醒车辆注意满场。

（5）程序步 50～55，如果停车数量等于或小于 0 时，红灯亮，禁止车辆入场。

二、模拟操作步骤

（1）按图 4.35 所示连接停车场控制线路。

（2）将两个按钮分别接入 PLC 输入端口 X0、X1，用按钮通断模拟光电信号。

（3）接通 PLC 电源，使 PLC 处于编程状态。

（4）将图 4.38 所示程序写入 PLC。

（5）使 PLC 处于运行状态，并进入程序监控状态，数码管显示"50"。

（6）每按下一次 X0 按钮，数码管显示数目减 1；每按下一次 X1 按钮，数码管显示数目加 1。数码管显示数目大于 5 时，绿灯亮；等于和小于 5 时，绿灯闪烁；等于和小于 0 时，红灯亮。

知识扩展——BIN 指令

在实际生产中，当生产工艺发生变化时，往往需要调整或修改 PLC 控制程序。解决的方法或者是重新写入新的 PLC 程序，或者用拨码开关调节程序的相关参数。显然，后者快捷易行。

拨码开关的外形与接线如图 4.39 所示，图中两位拨码开关显示十进制数据 53。按动拨码开关的增/减按键可以向 PLC 输入十进制数码（0～99）。

拨码开关产生的是 8421BCD 码，而在 PLC 程序中数据的存储和操作都是二进制形式，因此，要使用 BIN 指令将 8421BCD 码变换为二进制数据。BIN 变换指令的助记符、操作数等指令属性见表 4.35。

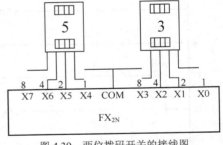

图 4.39 两位拨码开关的接线图

表 4.35   BIN 指令

BIN 变换指令			操 作 数
D	FNC19	S	KnX、KnY、KnM、KnS、T、C、D、V、Z
P	BIN	D	KnY、KnM、KnS、T、C、D、V、Z

BIN 变换指令的说明如下。

（1）S 为要变换的源操作数，D 为存放二进制数据的目标操作数。

（2）BIN 指令是将源操作数中的 BCD 码变换成二进制数据，存储在目标操作数中。

例如，将图 4.39 所示的拨码开关数据"53"经 BIN 变换后存储到数据寄存器 D0 中，将图 4.39 所示的拨码开关数据"53"不经 BIN 变换直接存储到数据寄存器 D10 中。在图 4.40 所示的程序监控中可以看出，经 BIN 变换后数据寄存器 D0 中的数据"53"是正确的，而不经 BIN 变换，直接传送到数据寄存器 D10 中的数据"83"则是错误的。

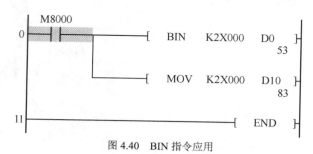

图 4.40　BIN 指令应用

拨码开关的优点是能直观、方便和准确地输入十进制数据，缺点是占用 PLC 过多的输入端口。例如，两位拨码开关就需要 8 个输入端。

练习题

1．写出十进制数码 0～9 对应的七段显示代码。

2．写出下列各数的 8421BCD 码。

K35	K2345	K987	K5679

3．某生产线的工件班产量为 80，用两位数码管显示工件数量。用接入 X0 端的传感器检测工件数量，工件数量小于 75 时，绿灯亮；等于和大于 75 时，绿灯闪烁；等于 80 时，红灯亮，1min 后生产线自动停止。X1/X2 是启动/停止按钮，Y20 是生产线输出控制端，Y21/Y22 是绿/红指示灯输出端。试设计 PLC 控制线路和控制程序。

*课题五
PLC 通信

在工业生产中，相对独立设备通常采用 PLC 单机控制模式，但对于分布在生产流水线各处的 PLC，则通过 PLC 通信来实现联网控制模式，从而使整条生产线按工艺流程统一动作。

| 任务一　实现两台 PLC 相互启动/停止控制 |

任 务 引 入

某生产线控制系统使用主站/从站两台 PLC 联网控制，在 FX$_{2N}$ 基本单元上安装 FX$_{2N}$-485-BD 通信板，其控制线路如图 5.1 所示，PLC 输入/输出端口分配见表 5.1 和表 5.2。

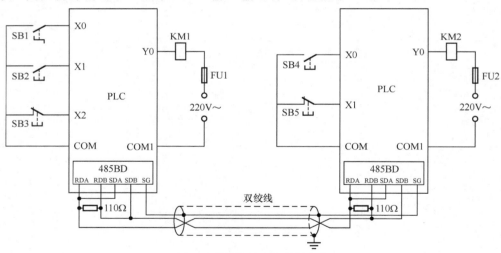

图 5.1　主站/从站 PLC 控制线路

表 5.1　　　　　　　　　　　　　　主站 PLC 输入/输出端口分配

| 输　　　入 | | | 输　　出 | |
输入端口	输入元件	作　　用	输出端口	输出元件
X0	SB1（旋钮）	X0=0 单机控制，X0=1 联网控制	Y0	KM1
X1	SB2（常开按钮）	单机：启动 Y0；联网：启动生产线		
X2	SB3（常闭按钮）	单机：停止 Y0，联网：停止生产线		

表 5.2　　　　　　　　　　　　　　从站 PLC 输入/输出端口分配

输　　入			输　　出	
输入端口	输入元件	作　　用	输出端口	输出元件
X0	SB4（常开按钮）	单机：启动 Y0；联网：无功能	Y0	KM2
X1	SB5（常闭按钮）	单机：停止 Y0；联网：停止生产线		

生产线控制要求如下。

（1）主站 SB1 为"单机/联网"控制方式选择开关。当 X0=0 时为单机控制方式，当 X0=1 时为联网控制方式。

（2）单机控制方式用于生产线各处设备独立进行调整生产工艺。在单机控制方式下，主站/从站 PLC 的启动/停止按钮分别控制各自的输出端 Y0。

（3）联网控制方式用于生产线的正常运行。在联网控制方式下，生产线只能从主站启动，当按下主站启动按钮 SB2 时，主站 PLC 的输出端 Y0 通电，从站 PLC 的输出端 Y0 延时 10s 后通电。当分别按下主站、从站的停止按钮 SB3 或 SB5 时，主站 PLC 和从站 PLC 的输出端 Y0 同时断电，生产线停机。

相 关 知 识

一、通信板 FX$_{2N}$-485-BD

PLC 通信是通过硬件和软件结合来实现的，三菱 FX 系列 PLC 的通信板 FX$_{2N}$-485-BD 如图 5.2 所示。

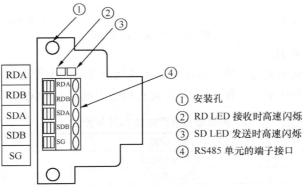

① 安装孔
② RD LED 接收时高速闪烁
③ SD LED 发送时高速闪烁
④ RS485 单元的端子接口

图 5.2　通信板 FX$_{2N}$-485-BD

FX$_{2N}$-485-BD 通过 RS-485 通信接口和双绞线组成串行通信网络，具有传输速度高、传输距离远、组网简便和性能稳定等特点，其特性见表 5.3。

表 5.3　　　　　　　　　　　　　　FX$_{2N}$-485-BD 特性表

项　　目	内　　容
传输标准	RS-485 和 RS-422
传输距离	最大 50m
LED 指示	SD、RD 在发送或接收数据时高速闪烁
通信方式	半双工
波特率	并联链接：19200bit/s；N:N 网络：38400bit/s

续表

项　　目	内　　容
通信协议	专用协议、无协议、并联链接、N:N 网络
电源	DC5V/60mA
绝缘性	无绝缘

二、并联链接的通信配置与共享位软元件

1．并联链接的通信配置

并联链接是指两台 FX$_{2N}$ 可编程控制器通过通信板 FX$_{2N}$-485-BD 联网，并分别设置为主站和从站。并联链接有两种接线方式，一种是用一对屏蔽双绞线相连，终端电阻为 110Ω；另一种是两对屏蔽双绞线相连，终端电阻为 330Ω，如图 5.3 所示。图中通信板称为 485BD，SDA 和 SDB 为发射数据端，RDA 和 RDB 为接收数据端，SG 为设备接地端，终端电阻 R 的作用是为了消除在通信电缆中的信号反射。

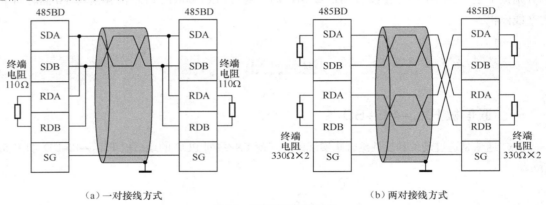

（a）一对接线方式　　　　　　　　　　　（b）两对接线方式

图 5.3　并联链接接线方式

2．设定主站/从站

并联链接的主站/从站是通过用户程序中的特殊辅助继电器来设定的，当 M8070=1 时该 PLC 为主站，M8071=1 时为从站（见表 5.4）。通常在程序中利用 M8000 设定 PLC 为主站或从站。

表 5.4　　　　　　　　　　　　　并联链接设定主站/从站软元件

软　元　件	名　　称	功　　能
M8070	并联链接主站	ON：主站链接
M8071	并联链接从站	ON：从站链接

3．共享位软元件

并联链接的主站/从站各自控制 100 个辅助继电器（见表 5.5），但主站与从站可以通过周期性的自动通信来实现这 200 个位软元件共享，如图 5.4 所示。例如，主站 PLC 只能控制辅助继电器 M800～M899 的状态，但使用范围却为 M800～M999；同理，从站 PLC 只能控制辅助继电器 M900～M999 的状态，但使用范围却为 M800～M999。

表 5.5　　　　　　　　　　　　　主站/从站控制辅助继电器

	位软元件（M）
主站	M800～M899
从站	M900～M999

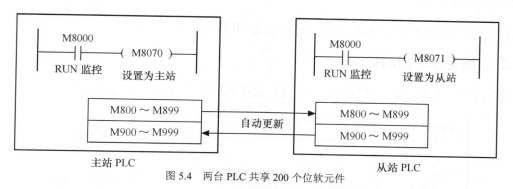

图 5.4　两台 PLC 共享 200 个位软元件

任 务 实 施

一、编写主站控制程序

根据生产线控制要求，主站 PLC 用户程序如图 5.5 所示，程序工作原理如下。

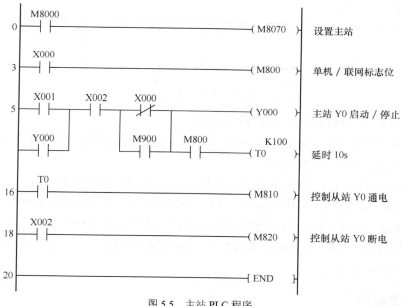

图 5.5　主站 PLC 程序

（1）程序步 0～2，M8070=1，PLC 设置为主站。

（2）程序步 3～4，在单机控制模式下，X0=0，单机/联网标志位 M800=0；在联网控制模式下，X0=1，M800=1。

（3）程序步 5～15，主站输出 Y0 的启动/停止控制和联网控制。

① 在单机控制模式下，M800=0，当按下启动按钮 SB2 时，X1=1，Y0 通电自锁，定时器 T0 不工作。

② 在联网控制模式下，M800 = 1。当按下启动按钮 SB2 时，Y0 通电自锁，同时定时器 T0 开始计时，10s 后 M810 = 1，控制从站 Y0 启动。

（4）程序步 16～17，由 T0 控制从站的标志位 M810。

（5）程序步 18～19，停止控制。按下停止按钮 SB3 时，X2 常开触点分断，主站输出端 Y0

断电停止；同时 M820=0，M820 控制从站输出端 Y0 断电停止。

二、编写从站控制程序

根据生产线控制要求，从站 PLC 用户程序如图 5.6 所示，程序工作原理如下。

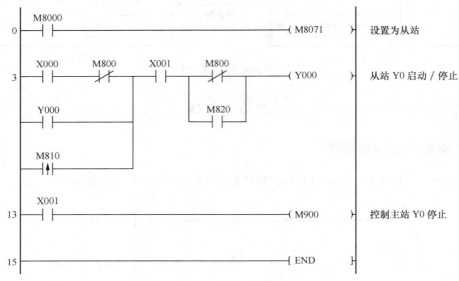

图 5.6　从站 PLC 程序

（1）程序步 0～2，M8071=1，PLC 设置为从站。

（2）在单机控制模式下，M800 = 0。程序步 3～12 是从站输出端 Y0 的启动/停止程序段。

（3）在联网控制模式下，M800 = 1。

① 程序步 3～12，由于 M800 常闭触点分断，从站启动按钮 X0 不起作用。

② 当主站输出端 Y0 通电启动 10s 后，主站 M810=1，从站读取链接软元件 M810 的上升沿，从站输出端 Y0 通电自锁。M820 常开触点是主站控制从站输出端 Y0 停止的元件。

③ 程序步 13～14，按下停止按钮 X1 时，从站输出端 Y0 断电停止；同时 M900 = 0，M900 控制主站输出端 Y0 断电停止。

三、操作步骤

（1）安装通信板 FX_{2N}-485-BD。关闭 PLC 的电源，按下述步骤安装。

① 从基本单元的上表面卸下面板盖子。

② 将通信板上的连接器连接到基本单元的板连接器上。

③ 使用 M3 自攻螺钉将通信板固定到基本单元上。

④ 卸下面板盖子左边的切口，以便可接触到端子板。

（2）按图 5.3（a）所示连接并联链接网络。采用一对双绞线的连线方式，SDA 与 RDA 并联，SDB 与 RDB 并联，RDA 和 RDB 之间连接 110Ω 终端电阻，双绞线外屏蔽层连接到 SG 端子并采用 D 类接地（接地电阻小于 100Ω）。

在实际实验中，由于两台 PLC 之间距离比较近，也可以不连接终端电阻 R，双绞线外屏蔽层也不用连接 SG 端子和接地，只连接 SDA、SDB、RDA 和 RDB 即可。

（3）接通 PLC 电源，将图 5.5 和图 5.6 所示程序分别写入主站/从站 PLC 中。

（4）将"运行/停止"方式开关置于运行状态，检查网络是否连接正确。检查方法是观察每块通信板 RD LED 和 SD LED 的状态。

① 如果两个 LED 都清晰地闪烁，则表示并联链接网络工作正常。

② 如果 RD LED 发生闪烁，但 SD LED 没有亮/灭（或根本不亮），表示正在执行数据的接收，但是发送不成功。检查接线或主站/从站的设定情况。

③ 如果 RD LED 没有发生亮/灭，SD LED 发生闪烁，表示正在执行数据的发送，但是接收不成功。检查接线或主站/从站的设定情况。

④ 如果两个 LED 都没有亮，表示数据的发送和接收都不成功。检查接线或主站/从站的设定情况。

（5）将"单机/联网"方式开关 SB1 置于单机控制模式，即 X0 = 0。

（6）按下主站启动按钮 SB2 或停止按钮 SB3，主站 PLC 输出端 Y0 应通电或断电。

（7）按下从站启动按钮 SB4 或停止按钮 SB5，从站 PLC 输出端 Y0 应通电或断电。

（8）将"单机/联网"方式开关 SB1 置于联网控制模式，即 X0 = 1。

（9）按下主站启动按钮 SB2，主站 PLC 输出端 Y0 通电自锁，延时 10s 后，从站 PLC 输出端 Y0 通电自锁。

（10）无论按下主站停止按钮 SB3，或按下从站停止按钮 SB5，两台 PLC 输出端 Y0 同时断电。

（11）观察是否符合控制要求，若不符合，检查硬件和软件，修改后重新调试。

知 识 扩 展

一、并行通信和串行通信

并行通信是指数据的各位同时传送或接收，图 5.7 所示为 8 位数据的并行通信。并行通信控制简单，传送速度快，但数据有多少位就需要多少根数据传输线（另外需要公共信号地线和控制线），长距离传送时成本较高。

串行通信是指数据逐位传送，如图 5.8 所示。串行通信不管传送的数据有多少位，只需两根传输线，长距离传送时线路简单、成本低，但传输数据的速度比并行通信慢且控制复杂。

图 5.7　并行通信

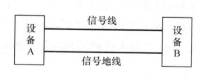

图 5.8　串行通信

二、串行通信的方式

1．单工通信方式

单工通信方式是指数据只能沿一个方向传输，而不能进行反向传送，如图 5.9（a）所示。

2．半双工通信方式

半双工通信方式允许数据在两个方向上传输，但是，在同一时刻，只允许数据在一个方向上传输，不能在两个方向上同时发送和接收，它实际上是一种切换方向的单工通信，如图 5.9（b）所示。

3．全双工通信方式

全双工通信方式允许数据同时在两个方向上传输，它要求各通信设备都有独立的接收和发送能力，双方都可以一面发送数据，一面接收数据，如图 5.9（c）所示。

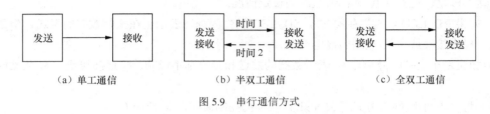

（a）单工通信　　　　　（b）半双工通信　　　　　（c）全双工通信

图 5.9　串行通信方式

PLC 通常使用半双工或全双工串行通信方式。

三、PLC 常用通信接口

PLC 常用的通信接口有 RS-232C、RS-422 和 RS-485。

1．RS-232C 接口

RS-232C 接口是一种串行通信标准化接口，计算机普遍配备该接口（称为串口 COM1 或 COM2），使用 25 针连接器或 9 针连接器。传递的波特率为 19200bit/s、9600bit/s、4800bit/s、2400bit/s、1200bit/s、600bit/s、300bit/s。RS-232C 采用负逻辑电平，规定 $-3 \sim -15V$ 为逻辑 1，$+3 \sim +15V$ 为逻辑 0。RS-232C 有数据通信速率低、通信距离近、抗共模干扰能力差等缺点，适用于通信距离近（小于 15m）、波特率要求不高的场合。

2．RS-422 接口

RS-422 采用平衡驱动差分接收电路，以两线间的电压差 $+2 \sim +6V$ 表示逻辑状态"1"，以两线间的电压差为 $-2 \sim -6V$ 表示逻辑状态"0"。由于接收器采用差分输入，因而抗干扰能力强。RS-422 采用两对平衡差分信号线，为全双工接口。在传输速率为 100kbit/s 时，最大传输距离可达 1200m。

3．RS-485 接口

RS-485 也是采用平衡驱动器和差分接收器的组合，所以具有抗共模能力强，抑制噪声干扰性好的特点。RS-485 采用一对平衡差分信号线，为半双工接口，不能同时发送和接收。以两线间的电压差 $+2 \sim +6V$ 表示逻辑状态"1"，以两线间的电压差为 $-2 \sim -6V$ 表示逻辑状态"0"。最大传输速率可达 10Mbit/s，最大传输距离可达 1200m。

练习题

1．PLC 并联链接时特殊辅助继电器 M8070 和 M8071 各有什么作用？

2．简述 PLC 并联链接时主站/从站位软元件的控制范围和共享使用范围。

3．某控制系统有两个 PLC 工作站，采用并联链接通信方式。试按控制要求编写 PLC 程序。

（1）用主站的 X0～X3 控制从站的输出端口 Y0～Y3。

（2）用从站的 X10～X13 控制主站的输出端口 Y10～Y13。

任务二　实现两台 PLC 综合计数控制

任务引入

　　某生产线控制系统使用主站/从站两台 PLC 进行综合计数控制，其控制线路如图 5.10 所示，主站/从站 PLC 输入/输出端口分配见表 5.6、表 5.7。

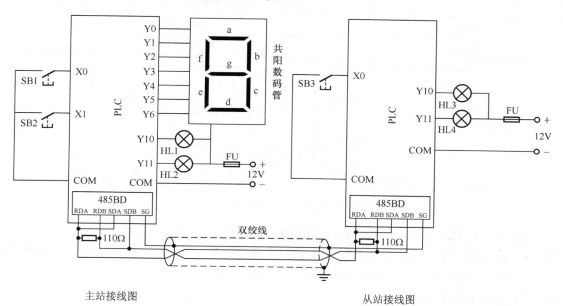

主站接线图　　　　　　　　　　　　　　　　　　　从站接线图

图 5.10　主站/从站 PLC 控制线路

表 5.6　　　　　　　　　　　　主站 PLC 输入/输出端口分配表

输　　入			输　　出		
输入端口	输入元件	作用	输出端口	输出元件	作用
X0	SB1（常开按钮）	计数	Y0～Y6	a.b.c.d.e.f.g	数码显示
X1	SB2（常开按钮）	清零	Y10	HL1	灯 1
			Y11	HL2	灯 2

表 5.7　　　　　　　　　　　　从站 PLC 输入/输出端口分配表

输　　入			输　　出		
输入端口	输入元件	作用	输出端口	输出元件	作用
X0	SB3（常开按钮）	计数	Y10	HL3	灯 3
			Y11	HL4	灯 4

生产线控制要求如下。

（1）对主站/从站输入端 X0 接通的次数之和进行计数，并在主站用数码管显示。

（2）当 X0 接通的次数之和小于 5 时，主站/从站输出端 Y10 指示灯均亮。

（3）当 X0 接通的次数之和大于 4 时，主站/从站输出端 Y11 指示灯均亮。

（4）当 X0 接通的次数之和等于 10 或接通主站输入端 X1 时，计数器清零。

相关知识——并联链接的数据寄存器

并联链接的主站/从站除了各有 100 个可控制辅助继电器外，还各有 10 个可控制数据寄存器（见表 5.8），可在 1:1 基础上进行数据的传输与共享，如图 5.11 所示。

表 5.8 主站/从站可控制数据寄存器

	字软元件（D）
主站	D490～D499
从站	D500～D509

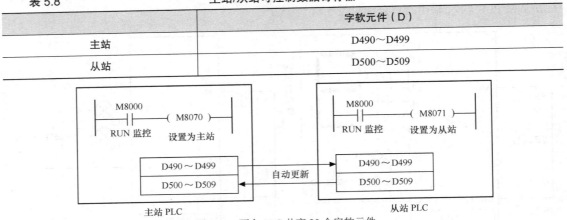

图 5.11 两台 PLC 共享 20 个字软元件

对于某一台 PLC 的用户程序来说，在使用其他站自动传来的数据时，感觉就像读写自己本身数据区一样方便，但在传送时间上有一定的延迟。标准模式下的通信时间为 70ms +主站扫描周期+从站扫描周期，高速模式下的通信时间为 20ms +主站扫描周期+从站扫描周期。在使用脉冲信号时，要考虑这个因素。

任务实施

一、编写主站控制程序

根据控制要求，主站 PLC 用户程序如图 5.12 所示，程序工作原理如下。

（1）程序步 0～2，M8070=1，PLC 设置为主站。

（2）程序步 3～6，主站计数，C0 为主站 X0 接通计数器。

（3）程序步 7～19，加法运算，其和用数码管显示。D500 为从站链接字软元件，其数据为从站 X0 接通计数值，D490 为主站链接软元件，其数据为主站/从站 X0 接通数值之和，将 D490 的数据通过七段编码指令 SEGD 编码，并将编码信号送 Y0～Y6，供外接数码管显示。

（4）程序步 20～33，计数复位。主站/从站输入端 X0 接通的次数之和等于 10 或接通主站输入端 X1 时，C0 复位清零。同时，主站链接软元件 M800=1，M800 是从站复位标志位。由于比较指令"OR= D490 K10"是脉冲信号，考虑数据传送延迟问题，故 M800 通电时间持续 0.2s。

（5）程序步 34～45，控制 Y10 和 Y11 输出。对计数器 D490 的值进行比较判断，当 D490 的值小于 5 时，Y10 通电；当 D490 的值大于 4 时，Y11 通电。

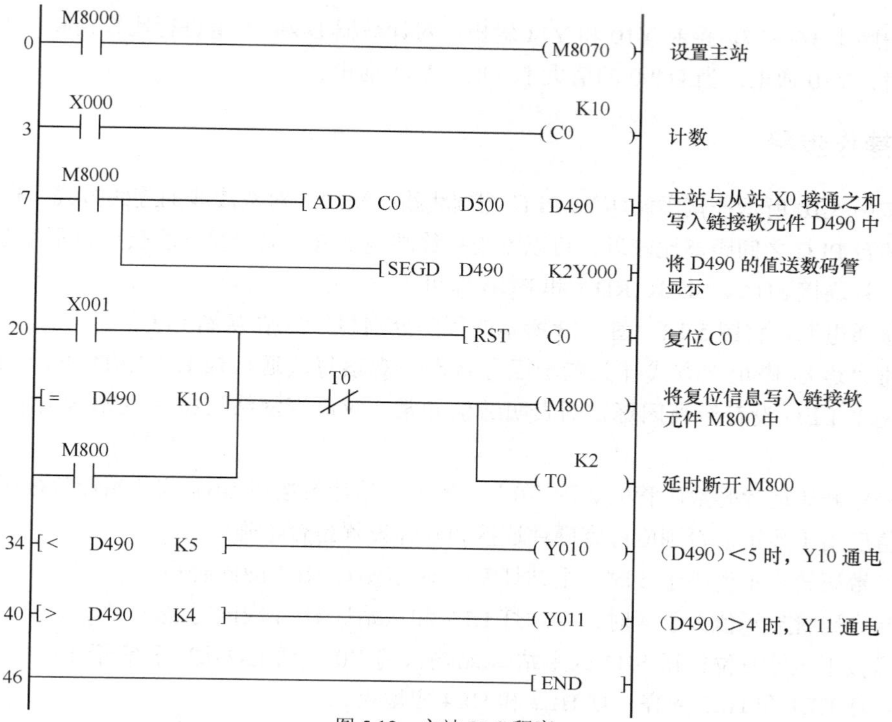

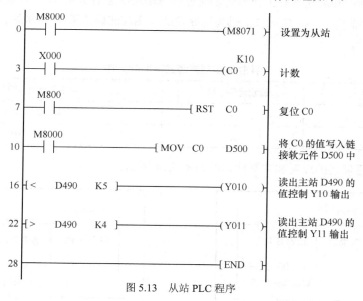

图 5.12　主站 PLC 程序

程序步骤（主站程序）：
- 0　M8000 —（M8070）　设置主站
- 3　X000 —（C0 K10）　计数
- 7　M8000 —[ADD C0 D500 D490]　主站与从站 X0 接通之和写入链接软元件 D490 中
- —[SEGD D490 K2Y000]　将 D490 的值送数码管显示
- 20　X001 —[RST C0]　复位 C0
- [= D490 K10] T0 —（M800）　将复位信息写入链接软元件 M800 中
- M800 —（T0 K2）　延时断开 M800
- 34　[< D490 K5] —（Y010）　(D490)<5 时，Y10 通电
- 40　[> D490 K4] —（Y011）　(D490)>4 时，Y11 通电
- 46　[END]

二、编写从站控制程序

根据控制要求，从站 PLC 用户程序如图 5.13 所示，程序工作原理如下。

从站程序：
- 0　M8000 —（M8071）　设置为从站
- 3　X000 —（C0 K10）　计数
- 7　M800 —[RST C0]　复位 C0
- 10　M8000 —[MOV C0 D500]　将 C0 的值写入链接软元件 D500 中
- 16　[< D490 K5] —（Y010）　读出主站 D490 的值控制 Y10 输出
- 22　[> D490 K4] —（Y011）　读出主站 D490 的值控制 Y11 输出
- 28　[END]

图 5.13　从站 PLC 程序

（1）程序步 0～2，M8071=1，PLC 设置为从站。

（2）程序步 3～9，进行计数、复位操作。其中 C0 是从站 X0 接通计数器，M800 是主站链接软元件，当 M800=1 时，控制 C0 复位。

（3）程序步 10～15，将从站计数器 C0 的当前值传送到链接软元件 D500 中，供主站共享。

（4）程序步 16～27，控制 Y10 和 Y11 输出。对计数器 D490 的值进行比较判断，当 D490 的值小于 5 时，Y10 通电；当 D490 的值大于 4 时，Y11 通电。

三、操作步骤

（1）按图 5.10 所示连接主站/从站 PLC 控制线路。采用一对双绞线的连线方式，在实际实验中，由于两台 PLC 之间距离比较近，可以不连接终端电阻 R，双绞线外屏蔽层也不用连接 SG 端子和接地，只连接 SDA、SDB、RDA 和 RDB 即可。

（2）接通电源，将图 5.12、图 5.13 所示的程序分别写入主站/从站 PLC。

（3）将"运行/停止"方式开关置于运行状态。观察每块通信板 RD LED 和 SD LED 的状态。如果两个 LED 没有清晰闪烁，则表明通信异常，应检查网络连接和主站/从站的设置是否正确。

（4）程序开始运行时数码管应显示"0"，按下主站计数按钮 SB1 或从站计数按钮 SB3，数码管的数值应增 1 显示，否则应检查硬件连接和软件设置是否正确。

（5）当数码管显示值小于 5 时，主站灯 HL1 和从站灯 HL3 应同时亮。

（6）当数码管显示值大于 4 时，主站灯 HL2 和从站灯 HL4 应同时亮。

（7）当按下主站复位按钮 SB2 或主站/从站输入端 X0 接通的次数之和等于 10 时，数码管显示值为零，灯 HL1 和 HL3 应亮，灯 HL2 和 HL4 应熄灭。

知识扩展——并联链接高速模式

并联链接有标准和高速两种工作模式，通过特殊辅助继电器 M8162 来设置。当 M8162 的状态为 OFF 时为标准模式，状态为 ON 时为高速模式。在高速模式下主站/从站各自仅有两个数据寄存器（见表 5.9）。

表 5.9　　　　　　　　　　并联链接高速模式下的软元件

	位软元件（M）	字软元件（D）
主站	无	D490，D491
从站	无	D500，D501

并联链接高速模式的设置和共享软元件如图 5.14 所示。

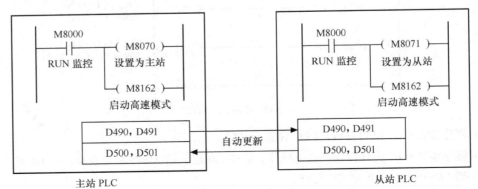

图 5.14　并联链接高速模式及共享软元件

练习题

1. 简述 PLC 并联链接标准模式下主/从站字软元件的使用和共享范围。

2. 某系统有主/从两个工作站，采用并联链接通信方式。控制要求如下，试编写 PLC 程序。

（1）主站输入端 X0 接通的次数（9 以内）在从站数码管显示。

（2）从站输入端 X10 接通的次数（9 以内）在主站数码管显示。

（3）主站 X0 与从站 X10 接通的次数之和等于 8 时，主站输出端 Y10 和从站输出端 Y10 的指示灯同时亮。

（4）主站输入端 X1 对主/从站的数码管同时清零。

|任务三　实现 3 台 PLC 相互启动/停止控制|

任务引入

某生产线有 3 台 PLC，其中一台是主站，两台是从站，主/从站的控制线路如图 5.15 所示，输入/输出端口分配见表 5.10、表 5.11 和表 5.12。

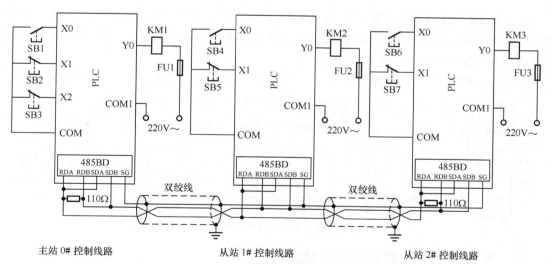

图 5.15　3 台 PLC 组成 N:N 网络控制线路

表 5.10　　　　　　　　　　　主站 0# PLC 输入/输出端口分配

输　　入			输　　出	
输入端口	输入元件	作用	输出端口	输出元件
X0	SB1（常开按钮）	启动从站 1 输出 Y0	Y0	KM1
X1	SB2（常闭按钮）	停止从站 1 输出 Y0		
X2	SB3（常闭按钮）	停止全部输出 Y0		

表 5.11   从站 1# PLC 输入/输出端口分配

输　　　入			输　　　出	
输入端口	输入元件	作用	输出端口	输出元件
X0	SB4（常开按钮）	启动从站 2 输出 Y0	Y0	KM2
X1	SB5（常闭按钮）	停止从站 2 输出 Y0		

表 5.12   从站 2# PLC 输入/输出端口分配

输　　　入			输　　　出	
输入端口	输入元件	作用	输出端口	输出元件
X0	SB6（常开按钮）	启动主站输出 Y0	Y0	KM3
X1	SB7（常闭按钮）	停止主站输出 Y0		

生产线控制要求如下。

（1）主站 0#的输入端 X0/X1 控制从站 1#的输出端 Y0 启动/停止。

（2）从站 1#的输入端 X0/X1 控制从站 2#的输出端 Y0 启动/停止。

（3）从站 2#的输入端 X0/X1 控制主站 0#的输出端 Y0 启动/停止。

（4）主站 0#输入端 X2 控制 3 台 PLC 的输出端 Y0 同时停止。

相关知识

一、N:N 网络的配置

N:N 网络的功能是指在最多 8 台 FX 可编程控制器之间，通过 RS-485-BD 通信板进行通信连接。N:N 通信网络通过一对屏蔽双绞线把各站点的 RS-485-BD 通信板连接起来，例如，5 台 PLC 组成的 N:N 网络配置如图 5.16 所示。

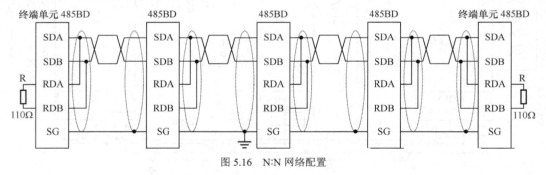

图 5.16　N:N 网络配置

二、N:N 网络连接模式及共享软元件

FX$_{2N}$ 系列 PLC 的 N:N 网络通信模式有 3 种，各模式下各站使用的位、字软元件见表 5.13。

表 5.13   N:N 网络共享软元件

站号	模式 0		模式 1		模式 2	
	位元件	4 点字元件	32 点位元件	4 点字元件	64 点位元件	8 点字元件
0	—	D0～D3	M1000～M1031	D0～D3	M1000～M1063	D0～D7
1	—	D10～D13	M1064～M1095	D10～D13	M1064～M1127	D10～D17
2	—	D20～D23	M1128～M1159	D20～D23	M1128～M1191	D20～D27

站号	模式 0		模式 1		模式 2	
	位元件	4 点字元件	32 点位元件	4 点字元件	64 点位元件	8 点字元件
3	—	D30~D33	M1192~M1223	D30~D33	M1192~M1255	D30~D37
4	—	D40~D43	M1256~M1287	D40~D43	M1256~M1319	D40~D47
5	—	D50~D53	M1320~M1351	D50~D53	M1320~M1383	D50~D57
6	—	D60~D63	M1384~M1415	D60~D63	M1384~M1447	D60~D67
7	—	D70~D73	M1448~M1479	D70~D73	M1448~M1511	D70~D77

三、N:N 网络设定软元件

N:N 网络设定软元件见表 5.14，网络中必须设定一台 PLC 为主站，其他 PLC 为从站，与 N:N 网络控制参数有关的特殊数据寄存器 D8177~D8180 均在主站中设定。

表 5.14　　　　　　　　　N:N 网络设定用的特殊软元件

软 元 件	名 称	功 能	设定值
M8038	参数设定	通信参数设定的标志位	
D8176	主从站号设定	主站设定为 0，从站设定为 1~7[初始值：0]	0~7
D8177	从站总数设定	设定从站总站数，只在主站中设定[初始值：7]	1~7
D8178	刷新范围设定	选择通信模式，只在主站中设定[初始值：0] 刷新范围是指主站与从站共享软元件的范围	0~2
D8179	重试次数	设置重试次数，从站无需设定[初始值：3]	0~10
D8180	监视时间	设定通信超时时间（50~2550ms）。以 10ms 为单位进行设定，从站无需设定[初始值：5]	5~255

任务实施

一、编写控制程序

1. 主站 0#PLC 控制程序

主站 0#PLC 控制程序如图 5.17 所示，程序工作原理如下。

（1）程序步 0~25，N:N 网络主站 0#参数设置。其中，M8038 为网络参数设置软元件，然后分别向特殊数据寄存器 D8176~D8180 写入相应的参数。

（2）程序步 26~30，启动/停止控制从站 1#的输出端 Y0。M1000 为主站 0#的链接软元件，按下启动按钮 X0，M1000 通电自锁；按下停止按钮 X1 或 X2，M1000 断电。

（3）程序步 31~32，M1001 为生产线停止标志位。按下停止按钮 X2 时，M1001 = 1，生产线全部输出端 Y0 断电。

（4）程序步 33~34，M1128 为从站 2#链接软元件。当 M1128=1 时，主站 0#读出其 ON 状态控制 Y0 通电；当 M1128 = 0 时，主站 0#读出其 OFF 状态控制 Y0 断电。

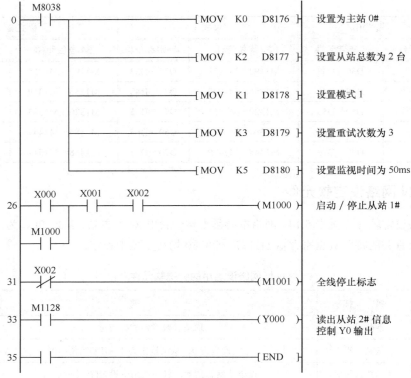

图 5.17　N:N 网络主站 0#程序

2．从站 1#PLC 控制程序

从站 1#PLC 控制程序如图 5.18 所示，工作原理如下。

（1）程序步 0～5，N:N 网络从站 1#设置。

（2）程序步 6～10，启动/停止控制从站 2#。M1064 为从站 1#链接软元件，按下启动按钮 X0，M1064 通电自锁，按下停止按钮 X1（或主站 X2 按钮），M1064 断电。

（3）程序步 11～12，M1000 为主站 0#链接软元件。当 M1000＝1 时，从站 1#读出其 ON 状态控制 Y0 通电；当 M1000＝0 时，从站 1#读出其 OFF 状态控制 Y0 断电。

3．从站 2#PLC 控制程序

从站 2#PLC 控制程序如图 5.19 所示，工作原理如下。

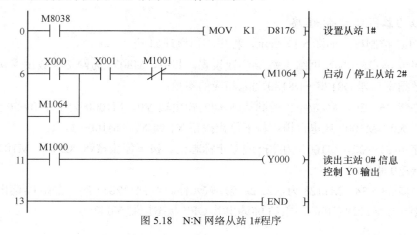

图 5.18　N:N 网络从站 1#程序

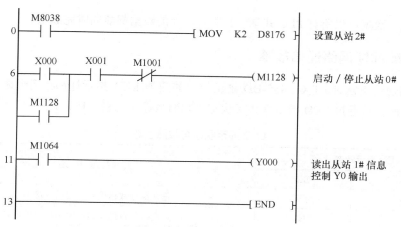

图 5.19　N:N 网络从站 2#程序

（1）程序步 0～5，N:N 网络从站点 2#设置。

（2）程序步 6～10，启动/停止控制主站 0#。M1128 为从站 2#链接软元件，按下启动按钮 X0，M1128 通电自锁；按下停止按钮 X1（或主站 X2 按钮），M1128 断电。

（3）程序步 11～12，M1064 为从站 1#链接软元件。当 M1064＝1 时，从站 2#读出其 ON 状态控制 Y0 通电；当 M1064＝0 时，从站 2#读出其 OFF 状态控制 Y0 断电。

二、操作步骤

（1）结合图 5.15 与图 5.16 所示连接 N:N 网络控制线路。在实际实验中，由于 3 台 PLC 之间距离比较近，可以不连接终端电阻，双绞线外屏蔽层也不用连接 SG 端子和接地，只连接 SDA、SDB、RDA 和 RDB 即可。

（2）接通电源，使 PLC 处于编程状态，将图 5.17、图 5.18 和图 5.19 所示的程序分别写入主站 0#、从站 1#和从站 2#PLC 中。

（3）将"运行/停止"方式开关置于运行状态，观察每块通信板 RD LED 和 SD LED 的状态。如果 LED 没有清晰闪烁，则表明通信异常，应检查硬件连接和软件设置是否正确。

（4）按下主站 0#启动/停止按钮，从站 1#输出端 Y0 应通电/断电；按下从站 1#启动/停止按钮，从站 2#输出端 Y0 应通电/断电；按下从站 2#启动/停止按钮，主站 0#输出端 Y0 应通电/断电；按下主站 0#停止按钮时，3 台 PLC 的输出端 Y0 均应断电。

（5）观察是否符合控制要求，若不符合检查硬件和软件，修改后重新调试。

知识扩展

一、N:N 网络的通信协议与工作原理

N:N 网络的通信协议是固定的，通信方式采用半双工通信，波特率固定为 38400bit/s；数据长度、奇偶校验、停止位、标题字符、终结字符以及和校验等均是固定的。

N:N 网络采用广播方式进行通信，网络中每一站点都指定一个用特殊辅助继电器和特殊数据寄存器组成的连接存储区，各个站点连接存储区地址编号都是相同的。各站点向自己站点连接存储区中规定的数据发送区写入数据，网络上任何一台 PLC 发送区的状态都会反映到网络中其他

PLC 中，因此，数据可供所有 PLC 共享，且所有单元的数据都能同时完成更新。

二、判断 N:N 网络通信故障

N:N 网络通信正常时，FX$_{2N}$-485-BD 通信板上的两个 LED 指示灯都在清晰地闪烁；当 N:N 网络通信异常时，可通过 LED 指示灯亮灭状态来判断故障（见表 5.15）。

表 5.15　　　　　　　　　　　　　LED 显示状态与故障状态

LED 显示状态		故 障 状 态
RD	SD	
闪烁	灯灭	正在执行数据接收，但是发送不成功
灯灭	闪烁	正在执行数据发送，但是接收不成功
灯灭	灯灭	数据发送和接收都不成功

练习题

1．在 N:N 网络中，主从站号是由哪个软元件设定的？

2．在 N:N 网络中，从站点的总数是由哪个软元件设定的？

3．N:N 网络有哪几种模式？各种模式下位元件和字元件的使用范围相同吗？

4．N:N 网络最多可以连接多少台 FX 可编程控制器？

5．某系统有 3 个工作站，控制要求如下，试编写各站 PLC 程序。

（1）主站 0#输入端 X0～X3 和 X4～X7 分别控制从站 1#和从站 2#的输出端 Y0～Y3。

（2）从站 1#输入端 X0 接通的次数等于或大于 5 时，控制主站 0#输出端 Y0 状态 ON；从站 1#输入端 X1 对计数器清零。

（3）从站 2#输入端 X0 接通的次数等于或大于 5 时，控制主站 0#输出端 Y1 状态 ON；从站 2#输入端 X1 对计数器清零。

*课题六
PLC 模拟量扩展模块的使用

模拟信号和数字信号都是工业控制中常见的信号，由于 PLC 的基本单元只配置了数字量 I/O 接口，所以不能直接接收或输出模拟信号，要处理模拟信号，必须在基本单元的基础上扩展模拟量处理模块。例如，在图 6.1 所示的恒温控制系统框图中，温度传感器将现场温度变换为模拟信号，模拟量输入模块将该模拟信号转换为数字信号（称为 A/D 转换），送入 PLC 的基本单元去处理。PLC 基本单元输出的数字信号通过模拟量输出模块转换为模拟信号（称为 D/A 转换），去控制加热器的电压幅度高低，以达到恒温控制的目的。

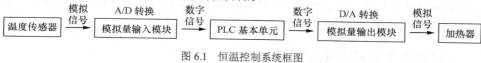

图 6.1　恒温控制系统框图

| 任务一　用数码管显示输入的模拟电压值 |

任务引入

在生产实际中，温度、压力、噪声、光敏等各类传感器产生与外部物理量成线性正比关系的模拟电压（或电流）信号。如图 6.2 所示，模拟电压数码显示与报警电路由 PLC 基本单元和模拟量输入/输出混合模块 FX$_{0N}$-3A 组成，输入模拟电压范围为 0～10V，用数码管显示（最大显示 9V），当输入模拟电压小于 2V 或大于 8V 时，下限或上限指示灯闪烁报警。

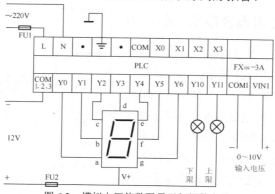

图 6.2　模拟电压值数码显示与报警电路

相关知识

一、模拟量扩展模块的规格

FX 系列 PLC 常用的模拟量扩展模块的规格见表 6.1，有模拟量输入模块（FX_{2N}-2AD、4AD、8AD）、模拟量输出模块（FX_{2N}-2DA、4DA）和模拟量输入/输出混合模块（FX_{0N}-3A）。

表 6.1　　　　　　　　　　　　常用模拟量扩展模块规格

型号	模拟输入点	模拟输出点	数字位	数字范围	耗电（5V）
FX_{2N}-2AD	2		12	0~4000	20mA
FX_{2N}-4AD	4		12	−2000~+2000	30mA
FX_{2N}-8AD	8		16	−16384~+16383	50mA
FX_{2N}-2DA		2	12	0~4000	20mA
FX_{2N}-4DA		4	12	−2000~+2000	30mA
FX_{0N}-3A	2	1	8	0~250	30mA

模拟量扩展模块和其他使用 FROM/TO 指令的扩展模块统称为特殊模块，特殊模块的 5V 用电由 PLC 基本单元通过扩展电缆供电，不需要外部 5V 直流电源。

二、扩展模块的连接与编号

用扩展电缆将特殊模块连接到 PLC 基本单元的右侧，如图 6.3 所示。扩展电缆接头为 D 形大小头，不会错接。特殊模块根据靠近 PLC 基本单元的位置，依次从 0 到 7 编号，最多可以连接 8 个特殊模块。PLC 基本单元和特殊模块之间的通信由光电耦合器实现。

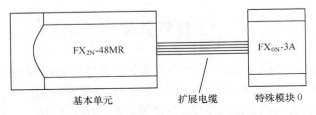

图 6.3　基本单元与特殊模块的连接与编号

三、模拟量输入/输出混合模块 FX_{0N}–3A

FX_{0N}-3A 有两个模拟输入通道和一个模拟输出通道，输入/输出接线端如图 6.4 所示。

两个模拟输入通道用数字 1、2 区分，COM1 和 COM2 分别是两个输入通道公共端。可以通过接线方式选择模拟电压输入或模拟电流输入，但不能将一个通道作为模拟电压输入而另一个通道作为模拟电流输入，因为这两个通道使用相同的偏置量和

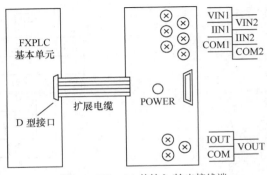

图 6.4　FX_{0N}-3A 的输入/输出接线端

增益值。当使用电压输入时，输入信号连接 VIN 端子；当使用电流输入时，输入信号连接 IIN 端子，同时应确保 VIN 和 IIN 端子短路。

模拟输出通道根据接线方式可在电压输出或电流输出中选择一种，COM 是输出通道公共端。当使用电压输出时，输出信号连接 VOUT 端子；当使用电流输出时，输出信号连接 IOUT 端子，注意不能短路 VOUT 和 IOUT 端子。

当电压输入/输出存在波动或有大量噪声时，可在电压端与公共端之间并接一个 25V/0.1～0.47μF 的电容器，而电流输入/输出具有较高的抗干扰能力。

FX_{2N} 系列 PLC 最多可连接 8 个 FX_{0N}-3A。FX_{0N}-3A 的输入性能规格见表 6.2。

表 6.2   **FX_{0N}-3A 输入性能规格**

项　目	电 压 输 入	电 流 输 入
模拟输入范围	出厂时，已为 0～10V 直流电压输入选择了 0～250 范围。如果用于电流输入或 0～10V DC 之外的电压输入，则需要重新调整偏置和增益。模块不允许两个输入通道有不同的输入特性	
	0～10V、0～5V，电阻 200kΩ 警告：输入电压超过−0.5V、+15V 就可能损坏该模块	4～20mA，电阻 250Ω 警告：输入电流超过−2mA、+60mA 就可能损坏该模块
数字分辨率	8 位	8 位
最小输入信号分辨率	40mV：0～10V/0～250（出厂时）依据输入特性而变	64μA：4～20mA /0～250 依据输入特性而变
总精度	±0.1V	±0.16mA
处理时间	TO 指令处理时间×2+FROM 指令处理时间	

FX_{0N}-3A 直流电压 0～10V 输入特性如图 6.5 所示，横坐标表示输入模拟信号，纵坐标表示经 A/D 转换后的数字值。FX_{0N}-3A 出厂时，已为 0～10V 模拟电压输入选择了 0～250 范围。当输入电压为 0.040V 时，数字值为 1；当输入电压为 10.0V 时，数字值为 250；当输入电压大于 10.2V 时，数字值最大为 255，输入模拟电压值与数字量成线性正比关系。通过调整偏置和增益，也可以选择 0～5V 直流电压输入，或选择 4～20mA 直流电流输入。

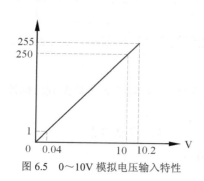

图 6.5   0～10V 模拟电压输入特性

模拟电压与数字量对应关系见表 6.3，数字量 0～24 对应模拟电压 0V；数字量 25～49 对应模拟电压 1V；……数字量 225～249 对应模拟电压 9V；数字量 250～255 对应模拟电压 10V。

表 6.3   **0～10V 模拟电压与 8 位二进制数转换表**

模拟电压/V	0	1	2	3	4	5	6	7	8	9	10
数字量	0～24	25～49	50～74	75～99	100～124	125～149	150～174	175～199	200～224	225～249	250～255

四、缓冲存储器（BFM）

FX_{0N}-3A 内部共有 32 个缓冲存储器（BFM），每个 BFM 均为 16 位，其高 8 位全部保留，BFM

的分配见表 6.4。

表 6.4　　　　　　　　　　FX₀N-3A 缓冲存储器分配表

BFM	b15 ~ b8	b7	b6	b5	b4	b3	b2	b1	b0
0	保留	存储 A/D 通道的当前值输入数据（8 位、0～255）							
16	保留	存储 D/A 通道的当前值输出数据（8 位、0～255）							
17	保留	保留					D/A 启动	A/D 启动	A/D 通道
1～5、18～31	保留	保留							

缓冲存储器的说明如下所述。

（1）BFM 0 的低 8 位 b7～b0 存储 A/D 通道输入数据的当前值。

（2）BFM 16 的低 8 位 b7～b0 位存储 D/A 通道输出数据的当前值。

（3）BFM 17 的低 3 位：

b0 = 0，选择模拟输入通道 1，b0 = 1，选择模拟输入通道 2；

b1 = 1，启动 A/D 转换处理；

b2 = 1，启动 D/A 转换处理。

五、特殊模块读取、写入指令

PLC 基本单元和 FX₀N-3A 所有数据和参数设置都是通过 PLC 的特殊模块读/写指令 FROM/TO 完成的。特殊模块读取指令 FROM 的助记符、操作数等指令属性见表 6.5。

表 6.5　　　　　　　　　　FROM 指令

特殊模块读取指令				D		n
				操　作　数		
D	FNC78	m1	m2	D		n
P	FROM			KnX、KnY、KnM、KnS、T、C、D、V、Z		

特殊模块读取指令的说明如下。

（1）FROM 指令执行时，读取 m1 指定的模块号中第 m2 个 BFM 开始连续 n 个数据到目标操作数 D 指定开始地址连续 n 个字中。

（2）m1：0～7 特殊模块编号，m2：0～32767BFM 号，n：1～32767 传送点数。

特殊模块写入指令 TO 的助记符、操作数等指令属性见表 6.6。

表 6.6　　　　　　　　　　TO 指令

特殊模块写入指令				S		n
				操　作　数		
D	FNC79	m1	m2	S		n
P	TO			K、H、KnX、KnY、KnM、KnS、T、C、D、V、Z		

特殊模块写入指令的说明如下。

（1）TO 指令执行时，写源操作数 S 指定开始连续地址 n 个字数据到 m1 指定的模块号中第 m2 个 BFM 开始连续 n 个字中。

（2）m1：0～7 特殊模块编号，m2：0～32767BFM 号，n：1～32767 传送点数。

任务实施

一、连接模拟电压值数码显示与报警电路

FX$_{2N}$ 系列 PLC 基本单元通过扩展电缆连接一个 FX$_{0N}$-3A 模拟量扩展模块，FX$_{0N}$-3A 模拟量扩展模块的输入通道电压端 VIN1 连接 0～+10V 直流可调电源。数码管 a～g 段连接 PLC 输出端 Y0～Y6，显示输入模拟电压值，数码管各段限流电阻已内部连接；下限报警指示灯连接 Y10，上限报警指示灯连接 Y11。

二、编写模拟电压值数码显示与报警程序

模拟电压值数码显示与报警程序如图 6.6 所示，程序工作原理如下。

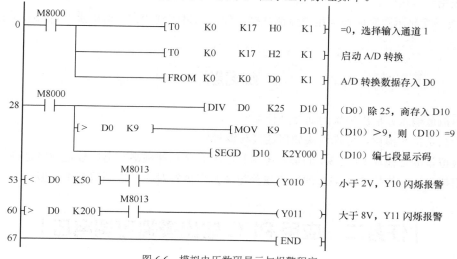

图 6.6　模拟电压数码显示与报警程序

（1）程序步 0～27，第 1 个 TO 指令将常数 H0 写入编号为 0 的特殊模块的 BFM17 中，使 b0 = 0，选择模拟输入通道 1。第 2 个 TO 指令将常数 H2 写入编号为 0 的特殊模块的 BFM 17 中，使 b1 = 1，启动 A/D 转换处理。FROM 指令读取编号为 0 的特殊模块的 BFM 0 中对应当前输入模拟电压的 A/D 转换值，写入 PLC 的数据寄存器 D0 中。

（2）程序步 28～52，数据寄存器 D0 的数值除 25，运算结果商存入 D10。当（D10）大于 9 时，通过 MOV 指令使（D10）等于 9，即让数码显示为 "9"，否则显示十六进制数码 "A"。SEGD 指令将（D10）编为七段显示码，送与 Y0～Y6 连接的数码管。

（3）程序步 53～59，下限报警。当（D0）小于 50，即模拟电压小于 2V 时，Y10 指示灯闪烁报警。

（4）程序步 60～66，上限报警。当（D0）大于 200，即模拟电压大于 8V 时，Y11 指示灯闪烁报警。

三、操作步骤

操作时，先接通 PLC 电源，后接通直流电源；停止操作时，先断开直流电源开关，后断开 PLC 电源。

（1）使用扩展电缆连接 PLC 和 FX_{0N}-3A。

（2）将数码管 a～g 段连接 PLC 输出端 Y0～Y6。

（3）将下限、上限报警指示灯连接 PLC 输出端 Y10、Y11。

（4）接通 PLC 电源，使 PLC 处于编程状态，将图 6.6 所示的程序下载 PLC。

（5）模拟量模块 FX_{0N}-3A 电源指示灯 POWER 亮。

（6）接通直流电源开关，当直流电压小于 10V 时，将直流电源的正极与 FX_{0N}-3A 的 VIN1 连接，负极与 FX_{0N}-3A 的 COM1 连接。

（7）使 PLC 处于程序运行状态，并进入程序监控状态。

（8）在电压表的监测下调节直流电源的输出电压，数码显示随之变化。当电压表读数为 0 时，数码管显示 0，下限指示灯闪烁；当数码管显示 2～7 时，下限指示灯停止闪烁；当数码管显示 8、9 时，上限指示灯闪烁。

（9）数码管显示数字应与电压表监测数据一致，如果差别较大，请检查 FX_{0N}-3A 的接线和程序是否正确。

练习题

1. 模拟量输入、输出模块的功能是什么？

2. 什么是特殊模块，特殊模块如何连接与编号？

3. 模拟量混合模块 FX_{0N}-3A 的输入电压和电流有哪几种规格？出厂设定规格是哪一种？

4. 模拟量混合模块 FX_{0N}-3A 的数字量分辨率是多少？对应二进制数范围是多少？

| 任务二　应用 PLC 输出模拟可调电压 |

任务引入

在生产过程中，常常将控制数据转换为模拟电压或模拟电流去控制现场设备。例如，通过调节电压高低来控制温度，或通过变频器的模拟信号控制端口来调节电动机的转速等。图 6.7 所示电路的功能是：输出模拟电压 0～10V，由电压表监测，按下增大按钮 SB2，输出模拟电压逐级增加，最大可达到 10V；按下减小按钮 SB3，输出模拟电压逐级减小，最小为 0V；按下停止按钮 SB1，停止输出模拟电压。修改程序参数，可调节级差电压值。

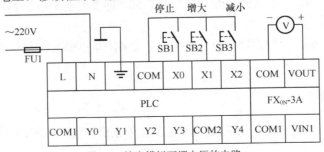

图 6.7　输出模拟可调电压的电路

相关知识——模拟量输入/输出混合模块

模拟量输入/输出混合模块 FX_{0N}-3A 的输出性能规格见表 6.7。

表 6.7　　　　　　　　　　　　　 FX_{0N}-3A 输出性能规格

项　目	电压输出	电流输出
模拟输出范围	出厂时，已为 0～10V DC 输出选择了 0～250 范围。如果用于电流输出或 0～10V DC 之外的电压输出，则需要重新偏置和增益	
	0～10V、0～5V，外部负载：1kΩ～1MΩ	4～20mA，外部负载：500Ω 或更小
数字分辨率	8 位	8 位
最小输出信号分辨率	40mV：0～10V/0～250（出厂时）依据输出特性而变	64μA：4～20mA /0～250 依据输出特性而变
总精度	±0.1V	±0.16mA
处理时间	TO 指令处理时间×3	
输出特点	如果使用大于 8 位的数据，则只有低于 8 位的数据有效，高位将被忽略掉	

FX_{0N}-3A 模拟电压输出特性如图 6.8 所示，横坐标表示数字值，纵坐标表示经 D/A 转换后的模拟电压。FX_{0N}-3A 出厂时，已为 0～10V 直流电压输出选择了 0～250 范围。当数字值为 1 时，输出电压为 0.040V；当数字值为 250 时，输出电压为 10.0V；当数字值最大为 255 时，输出电压为 10.2V，说明数字值与输出电压为线性正比关系。通过调整偏置和增益，也可以选择 0～5V 直流电压输出，或 4～20mA 直流电流输出。

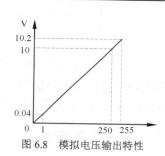

图 6.8　模拟电压输出特性

任务实施

一、连接模拟电压输出电路

模拟电压输出电路如图 6.7 所示，FX_{2N} 系列 PLC 基本单元通过扩展电缆连接一个 FX_{0N}-3A 模拟量模块，FX_{0N}-3A 输出电压端 VOUT—COM 连接直流电压表。输出电压停止按钮、增大按钮和减小按钮分别连接 PLC 输入端 X0、X1 和 X2。

二、编写输出模拟可调电压的程序

输出模拟可调电压程序如图 6.9 所示，数据寄存器 D0 存储进行 D/A 转换的数字量，因为数字增量单位为 K25，所以级差电压为 1V，程序工作原理如下。

（1）程序步 0～4，程序初次运行或按下停止按钮 X0 时，数据寄存器 D0 清 0，无模拟电压输出。

（2）程序步 5～22，每次按下增大按钮 X1 时，D0 数据加 25，相当于输出电压增大 1V。当 D0 数据大于 250 时，D0 数据限制为 250。

（3）程序步 23～40，每次按下减小按钮 X2 时，D0 数据减 25，相当于输出电压减小 1V。当 D0 数据小于 0 时，D0 数据限制为 0。

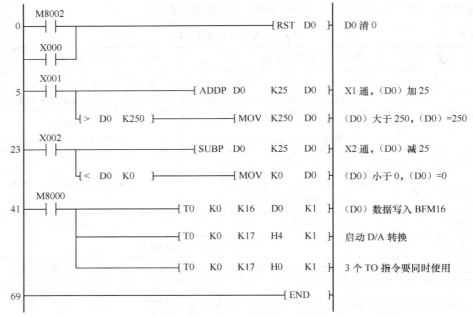

图 6.9　数字值转换为模拟电压的程序

（4）程序步 41～68，第 1 个 TO 指令将 D0 数据写入编号为 0 的特殊模块 BFM16 中，该数据将转换成模拟电压输出。第 2 个 TO 指令将常数 H4 写入编号为 0 的特殊模块的 BFM17 中，使 b2=1，启动 D/A 转换。当进行 D/A 转换时 3 个 TO 指令要同时使用，否则程序不能运行。

三、操作步骤

（1）通过扩展电缆连接 PLC 和 FX_{0N}-3A。

（2）将数字电压表的正极与 FX_{0N}-3A 的 VOUT 连接，负极与 FX_{0N}-3A 的 COM 连接，用数字电压表 20V DC 挡位测试 FX_{0N}-3A 的输出电压。

（3）接通 PLC 电源，使 PLC 处于编程状态。

（4）将图 6.9 所示的程序下载 PLC。

（5）使 PLC 处于程序运行状态，并进入程序监控状态。

（6）当 D0 数据为 0 时，输出电压为 0V，将数据记录在表 6.8 中。

（7）反复按下输出电压增加按钮 X1、减小按钮 X2 或停止按钮 X0，将电压表数据记录在表 6.8 中。

（8）测试数据与图 6.8 所示输出特性一致，说明数字值与输出模拟电压成线性正比关系。如果测试数据与输出特性差别较大，请检查 FX_{0N}-3A 的接线和程序是否正确。

表 6.8　　　　　　　　　　　数值与输出电压记录

数　字　量	0	25	50	75	100	125	150	175	200	225	250
输出参考电压（V）	0	1	2	3	4	5	6	7	8	9	10
输出测试电压（V）											

练习题

1. 模拟量混合模块 FX_{0N}-3A 的输出电压和电流有哪几种规格？出厂设定规格是哪一种？
2. 如果将图 6.9 所示程序的级差电压调整为 0.1V，如何修改程序参数？

|任务三 实现两个模拟电压大小比较|

任务引入

图 6.10 所示是两个模拟电压值大小比较电路，两路模拟电压 $u1$、$u2$ 分别送入模拟量模块 FX_{0N}-3A 的输入通道 1 和输入通道 2。当 $u1=u2$ 时，输出指示灯 HL1 亮；当 $u1>u2$ 时，输出指示灯 HL2 亮；当 $u1<u2$ 时，输出指示灯 HL3 亮。PLC 基本单元输入/输出端口分配见表 6.9。

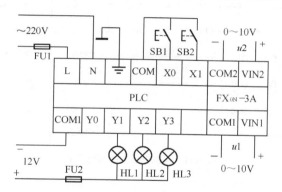

图 6.10 模拟电压大小比较电路

表 6.9　　　　　　　　　　　　PLC 基本单元输入/输出端口分配表

输　入			输　出		
输入端口	输入元件	作　用	输出端口	输出元件	作　用
X0	SB1（常开按钮）	启动	Y1	HL1	$u1=u2$，HL1 亮
X1	SB2（常开按钮）	停止	Y2	HL2	$u1>u2$，HL2 亮
			Y3	HL3	$u1<u2$，HL3 亮

任务实施

一、编写模拟电压大小比较程序

模拟电压大小比较程序如图 6.11 所示，输入通道 1 的 A/D 转换数据存储在 D0，输入通道 2 的 A/D 转换数据存储在 D10，将（D0）与（D10）进行比较，比较结果控制 PLC 输出端 Y1、Y2 和 Y3。

（1）程序步 0～3，为两个模拟电压 $u1$ 与 $u2$ 比较结果输出的启动/停止控制。

（2）程序步 4～31，M8011 是周期 10ms 方波振荡脉冲，当 M8011 常开触点闭合时，将输入通道 1 的模拟电压 $u1$ 转换为二进制数据存入 D0。

（3）程序步 32～59，当 M8011 常闭触点闭合时，将输入通道 2 的模拟电压 $u2$ 转换为二进制数据存入 D10。

（4）程序步 60～81，将 D0、D10 的数据做触点比较后控制 PLC 输出端 Y1、Y2 和 Y3。

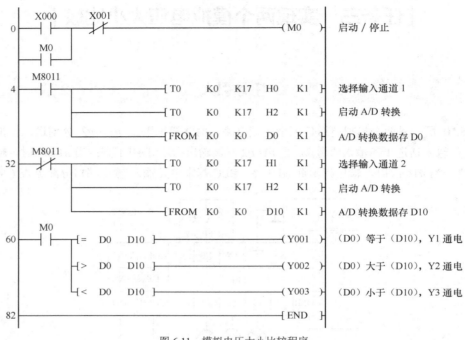

图 6.11　模拟电压大小比较程序

二、操作步骤

（1）通过扩展电缆连接 PLC 和 FX_{0N}-3A。

（2）接通 PLC 电源，使 PLC 处于编程状态。

（3）将图 6.11 所示的程序下载 PLC。

（4）使 PLC 处于程序运行状态，并进入程序监控状态。

（5）将双路直流电源的两个正极分别与 FX_{0N}-3A 的 VIN1 和 VIN2 连接，两个负极分别与 FX_{0N}-3A 的 COM1 和 COM2 连接。双路直流电源的输出电压为 0～10V。

（6）启动 M0 后分别调节两路直流电源的输出电压。当模拟电压 $u1$、$u2$ 相等时，Y1 指示灯亮；当 $u1$ 大于 $u2$ 时，Y2 指示灯亮；当 $u1$ 小于 $u2$ 时，Y3 指示灯亮。

练习题

1. 如果有两路模拟电压输入，并将两路模拟电压的平均值存储于数据寄存器 D20，如何修改程序？

2. 如果有主、从两路模拟电压输入，要求主路数据占 70%，从路数据占 30%，并将综合值存储于数据寄存器 D30，如何修改程序？

*课题七
变频器的使用

三相交流异步电动机具有结构简单、使用方便、工作可靠、价格低廉的优点,不足之处是调速比较困难。近年来,随着大功率电力晶体管和计算机控制技术的发展,极大地促进了交流变频调速技术的进步,目前在各行业生产设备中已广泛使用的交流变频器具有无级变频功能,充分满足了生产工艺的调速要求,其应用前景十分广阔。

|任务一　认识变频器|

任务引入

通过本任务的学习了解通用变频器的用途和构造,熟悉变频器端子连接方法及各端子的功能,掌握变频器的维护知识。

相关知识

一、变频器的用途

1. 无级调速

如图 7.1 所示,变频器把频率固定的交流电(频率 50Hz)变换成频率和电压连续可调的交流电(频率 0~50Hz),由于三相异步电动机的转速 n 与电源频率 f 呈线性正比关系,所以,受变频器驱动的电动机可以平滑地改变转速,实现无级调速。

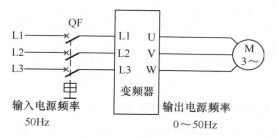

图 7.1　变频器变频输出

2．节能

对于受变频器控制的风机和泵类负载，当需要大流量时可提高电动机的转速，当需要小流量时可降低电动机的转速，不仅能做到保持流量平稳，减少启动和停机次数，而且节能效果显著，经济效益可观。

3．缓速启动

许多生产设备需要电动机缓速启动。例如，载人电梯为了保证舒适性必须以较低的速度平稳启动。传统的降压启动方式不仅成本高，而且控制线路复杂。而使用变频器只需要设置启动频率和启动加速时间等参数即可做到缓速平稳启动。

4．直流制动

变频器具有直流制动功能，可以准确定位停车。

5．提高自动化控制水平

变频器有较多的外部信号（开关信号或模拟信号）控制接口和通信接口，不仅功能强，而且可以组网控制。

使用变频器的电动机大大降低了启动电流，启动和停机过程平稳，减少了对设备的冲击力，延长了电动机及生产设备的使用寿命。

二、变频器的构造

变频器由主电路和控制电路构成，基本结构如图 7.2 所示。

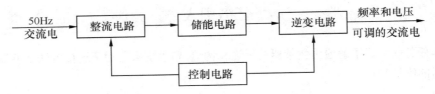

图 7.2　变频器的基本结构

变频器的主电路包括整流电路、储能电路和逆变电路，是变频器的功率电路。主电路结构如图 7.3 所示。

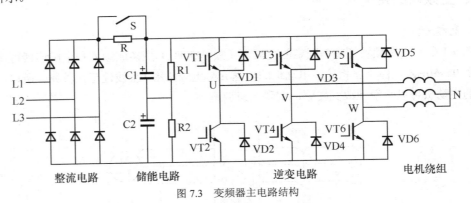

图 7.3　变频器主电路结构

（1）整流电路。由二极管构成三相桥式整流电路，将交流电全波整流为直流电。

（2）储能电路。由电容 C1、C2 构成（R1、R2 为均压电阻），具有储能和平稳直流电压的作用。为了防止刚接通电源时对电容器充电电流过大，串入限流电阻 R，当充电电压上升到正常值后，与 R 并联的开关 S 闭合，将 R 短接。

（3）逆变电路。由 6 只绝缘栅双极晶体管（IGBT）VT1～VT6 和 6 只续流二极管 VD1～VD6 构成三相逆变桥式电路。晶体管工作在开关状态，按一定规律轮流导通，将直流电逆变成三相交流电，驱动电动机工作。

变频器的控制电路主要以单片微处理器为核心构成，控制电路具有设定和显示运行参数、信号检测、系统保护、计算与控制、驱动逆变管等功能。

三、变频调速控制方式

1．u/f 恒转矩控制方式

因为电动机的电磁转矩 $T_M \propto (u/f)^2$，所以保持（u/f）恒定时，电磁转矩恒定，电动机带负载的能力不变。变频器恒转矩特性曲线如图 7.4（a）所示。大多数负载适用这种控制方式。

递减转矩特性曲线如图 7.4（a）所示，变频器的输出电压与输出频率呈二次曲线关系，适用于风机、水泵类负载。

当变频器的输出频率较低时，其输出电压也比较低。此时，电动机定子绕组电阻的影响已不能忽略，流过定子绕组的电流下降，电磁转矩下降。为改善变频器的低频转矩特性，可采用电压补偿的方法，即适当提高低频时的输出电压，补偿后的 u/f 曲线如图 7.4（b）所示。

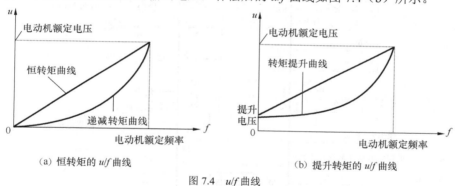

（a）恒转矩的 u/f 曲线   （b）提升转矩的 u/f 曲线

图 7.4 u/f 曲线

2．矢量控制方式

矢量控制方式是变频器的高性能控制方式，特别是低频转矩性能优于 u/f 恒转矩控制方式。通常变频器出厂设定为 u/f 恒转矩控制方式，如果使用矢量控制方式只需重新设定参数即可。矢量控制方式要求电动机的容量比变频器的容量最多小一个等级，使用矢量控制方式可参考使用手册。

四、三菱通用变频器的配线

图 7.5 所示为三菱公司 FR-E500 系列通用变频器的外形与端子板。三菱通用变频器 FR-E540-0.75K-CHT 的容量数据和输入/输出参数见表 7.1。

图 7.5 FR-E500 系列变频器外形与端子板

表 7.1 通用变频器 FR-E540-0.75K-CHT 容量数据和输入/输出参数

变频器的型号	额定容量	额定输出电流	适配电机功率	输 入 参 数		输 出 参 数	
				电压	频率	电压	频率
FR-E540-0.75K-CHT	2kVA	2.6A	0.75 kW	380～480V	50/60Hz	380～480V	0～400Hz

1. 变频器的基本配线图

变频器的基本配线图如图 7.6 所示。

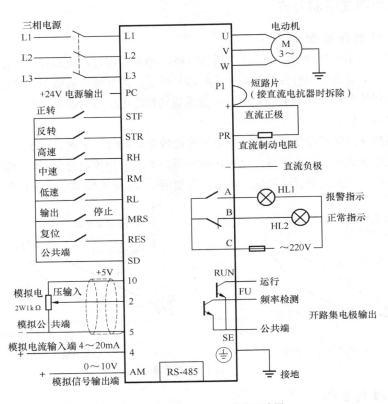

图 7.6 三菱变频器 FR-E500 基本配线图

2. 主电路端子

主电路端子如图 7.7（a）所示，主电路端子符号与功能说明见表 7.2。

表 7.2 主电路端子功能说明

端 子 符 号	端 子 功 能 说 明
⏚	接地端。变频器外壳必须可靠接大地
+、—	连接制动单元
+、PR	在+、PR 间可接直流制动电阻
+、P1	拆除短路片后，可接直流电抗器，将电容滤波改为 LC 滤波，以提高滤波效果和功率因数
L1、L2、L3	三相电源输入端，接三相交流电源
U、V、W	变频器输出端，接三相交流异步电动机

3. 控制电路端子

控制电路端子如图 7.7（b）所示，控制电路端子符号与功能说明见表 7.3。

表 7.3　　　　　　　　　　　　控制电路端子功能说明

端子符号	端子功能说明	备　注
STF	正转控制命令端	输入信号端 SD 是输入信号公共端
STR	反转控制命令端	
RH、RM、RL	高、中、低速及多段速度选择控制端	
MRS	输出停止端	
RES	复位端	
PC	直流 24V 正极	PC 与 SD 之间输出电流 0.1A
SD	直流 24V 负极；输入信号公共端	
10	频率设定用电源、直流 5V	输入模拟电压、电流信号来设定频率。 5V（10V）对应最大输出频率 20mA 对应最大输出频率
2	模拟电压输入端，可设定 0～5V、0～10V	
4	模拟电流输入端，可设定 4～20mA	
5	模拟输入公共端	
A、B、C	变频器正常：B-C 闭合，A-C 断开 变频器故障：B-C 断开，A-C 闭合	触点容量：交流 230V/0.3A 直流 30V/0.3A
RUN	变频器正在运行（集电极开路）	变频器输出频率高于启动频率时为低电平，否则为高电平
FU	频率检测（集电极开路）	变频器输出频率高于设定的检测频率时为低电平，否则为高电平
SE	RUN、FU 的公共端（集电极开路）	
AM	模拟信号输出端（从输出频率、输出电流、输出电压中选择一种监视），输出信号与监视项目内容成比例关系	输出电流 1mA，输出直流电压 0～10V。 5 为输出公共端
RS485	PU 通信端口	最长通信距离 500m

注：端子 SD、SE 与 5 是不同组件的公共端，不要相互连接也不要接地；PC 与 SD 之间不能短路。

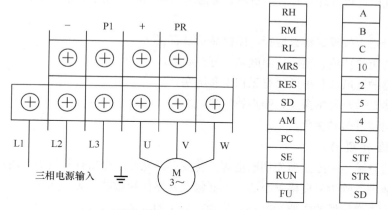

（a）主电路端子板　　　　（b）控制电路端子板

图 7.7　变频器主电路、控制电路端子板

4．配线注意事项

（1）绝对禁止将电源线接到变频器的输出端 U、V、W 上，否则将损坏变频器。

（2）不使用变频器时，可将断路器断开，起电源隔离作用；当线路出现短路故障时，断路器起保护作用，以免事故扩大。但在正常工作情况下，不要使用断路器启动和停止电动机，因为这时工作电压处在非稳定状态，逆变晶体管可能脱离开关状态进入放大状态，而负载感性电流维持导通，使逆变晶体管功耗剧增，容易烧毁逆变晶体管。

（3）在变频器的输入侧接交流电抗器可以削弱三相电源不平衡对变频器的影响，延长变频器的使用寿命，同时也降低变频器产生的谐波对电网的干扰。

（4）当电动机处于直流制动状态时，电动机绕组呈发电状态，会产生较高的直流电压反送直流电压侧。可以连接直流制动电阻进行耗能以降低高压。

（5）由于变频器输出的是高频脉冲波，所以禁止在变频器与电动机之间加装电力电容器件。

（6）变频器和电动机必须可靠接地。

（7）变频器的控制线应与主电路动力线分开布线，平行布线应相隔 10cm 以上，交叉布线时应使其垂直。为防止干扰信号串入，变频器模拟信号线的屏蔽层应妥善接地。

（8）通用变频器仅适用于一般工业用三相交流异步电动机。

（9）变频器的安装环境应通风良好。

五、变频器日常维护

变频器的日常维护和保养是变频器安全工作的保障。高温、潮湿、灰尘和振动等对变频器的使用寿命影响较大。

1．维护和检查时的注意事项

（1）变频器断开电源后不久，储能电容上仍然剩余有高压电。进行检查前，先断开电源，过 10min 后用万用表测量，确认变频器主回路正负端子两端电压在直流几伏以下后再进行检查。

（2）用兆欧表测量变频器外部电路的绝缘电阻前，要拆下变频器上所有端子的电线，以防止测量高电压加到变频器上。控制回路的通断测试应使用万用表（高阻挡），不要使用兆欧表。

（3）不要对变频器实施耐压测试，如果测试不当，可能会使电子元件损坏。

2．日常检查项目

在日常巡视中，可以通过耳听、目测、触感和气味判断变频器的运行状态。一般巡视检查项目如下。

（1）变频器是否按设定参数运行，面板显示是否正常。

（2）安装场所的环境、温度、湿度是否符合要求。

（3）变频器的进风口和出风口有无积尘和堵塞。

（4）变频器是否有异常振动、噪声和气味。

（5）是否出现过热和变色。

3．定期检查项目

（1）定期检查除尘。除尘前先切断电源，待变频器充分放电后打开机盖，用压缩空气或软毛刷对积尘进行清理。除尘时要格外小心，不要触及元器件和微动开关。

（2）定期检查变频器的主要运行参数是否在规定的范围。

（3）检查固定变频器的螺丝和螺栓，是否由于振动、温度变化等原因松动。导线是否连接可靠，绝缘物质是否被腐蚀或破损。

（4）定期检查变频器的冷却风扇、滤波电容，当达到使用期限后及时进行更换。

练习题

1．变频器的作用是什么？

2．变频器有几部分组成？各部分的功能是什么？

3．三相交流电源连接变频器的什么端子？三相异步电动机连接变频器的什么端子？

4. 设某 4 极三相交流异步电动机的转差率 $S = 0.02$，当变频器输出电源频率分别是 50Hz、40Hz、30Hz、20Hz、10Hz 时，电动机的转速各是多少（设 S 不变化）？

注：三相交流异步电动机的转速公式为

$$n = (1-S)\frac{60f_1}{P}$$

式中：n ——电动机转速（r/min）；

f_1 ——交流电源的频率（Hz）；

P ——电动机定子绕组的磁极对数；

S ——转差率。

任务二 设置变频器工作参数

任务引入

操作变频器的面板按键可以设置变频器功能参数和状态监视，面板操作按键如图 7.8 所示，面板操作按键与状态指示灯的说明见表 7.4。

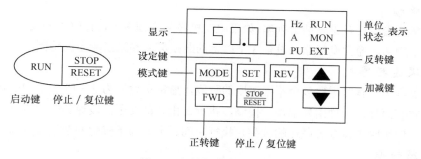

图 7.8 变频器面板操作按键

表 7.4 面板按键、状态指示灯说明

按键、状态指示灯	说　明
RUN	启动键
STOP/RESET	停止/复位键。用于停止运行和保护动作后复位变频器
MODE	模式键。用于选择操作模式或设定模式
SET	选择/确定键。用来选择或确定频率和参数的设定
FWD、REV	正转、反转键。用来给出正转、反转指令
▲、▼	增、减键。连续增、减频率，或连续增减参数值
Hz 灯	表示输出频率时，灯亮
A 灯	表示输出电流时，灯亮
RUN 灯	变频器运行时灯亮，正转/灯亮，反转/闪烁
MON 灯	监视模式时灯亮
PU 灯	面板操作模式（PU 模式）时灯亮
EXT 灯	外部操作模式时灯亮
PU 灯、EXT 灯	两灯同时亮，表示面板操作和外部操作的组合模式 1 或组合模式 2

相关知识

一、变频器输出频率的含义

1. 最大频率 f_{max}、基准频率 f_N 和基准电压 U_N

最大频率 f_{max} 指变频器工作时允许输出的最高频率，通用变频器的最大频率可达几百赫兹。基准频率 f_N 指满足电动机的额定频率，基准电压 U_N 指电动机的额定电压。通常基准频率出厂设定值为 50Hz，基准电压出厂设定值为 380V。对于 u/f 控制方式，基准频率、输出电压及最大频率的关系如图 7.9 所示。

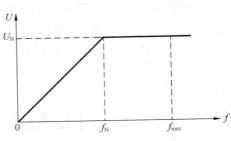

图 7.9 输出频率与输出电压的关系

2. 上限频率 f_H 和下限频率 f_L

变频器的输出频率被限定在上下限频率之间，以防止误操作时发生失误。

3. 启动频率

启动信号 ON 的开始频率，通常出厂设定值为 0.5Hz。

4. 点动频率

点动操作时的频率，通常出厂设定值为 5Hz（点动加速时间 0.5s）。

5. 跳跃频率

跳跃频率是指运行时避开某个频率。如果电动机在某个频率下运行时生产设备发生机械谐振，则要避开这个频率。通常变频器可设置 3 个以上的跳跃频率和跳跃频率的范围。

6. 多段速频率

在调速过程中，有时需要多个不同速度的阶段，通常可设置为 3～15 段不同的输出频率。多段速控制方式有两种，一种由外部端子控制，执行时由外部端子对段速和时间进行控制。另一种是程序控制，应用时先设置各段速的频率、执行时间、上升与下降时间及运转方向。

7. 制动频率

当变频器停止输出时，频率下降到进行直流制动的频率。在生产工艺需要准确定位停车时，需要设置制动频率、制动时间和制动电压。例如，三菱变频器 FR-E540-0.75K-CHT 的出厂设定值分别为 3Hz、0.5s 和电源电压的 6%。

8. 输入最大模拟量时的频率

指输入模拟电压 5V（10V）或模拟电流 20mA 时的频率值，通常出厂设定值为 50Hz。

二、设置或修改变频器输出频率值的方法

1. 面板功能键

按面板上增、减键设置或修改输出频率值。

2. 外部速度控制端子

通过外部开关控制高速、中速、低速端子的通断状态来改变输出频率值。

3. 外部模拟信号

用外部模拟电压值或模拟电流值的变化设置或修改输出频率值。

任务实施

利用变频器面板功能键设定参数的操作步骤如下。

（1）接通变频器电源，变频器面板显示【监视模式 0.00】。

（2）模式切换。反复按模式键【MODE】，轮流出现【频率设定模式 0.00】→【参数设定模式 Pr】→【操作模式 PU】→【帮助模式 HELP】→返回【监视模式 0.00】。

注：频率设定模式仅在操作模式为面板操作模式时显示。

（3）显示输出内容。在【监视模式】下，按【SET】键，轮流显示输出频率、输出电流、输出电压和报警监视。

（4）频率设定。在面板操作模式下，用【MODE】键切换到【频率设定模式】，显示【0.00】，按【▲】、【▼】键增减频率，按【SET】键写入新的频率值。写入成功，出现闪烁的"F"，按【MODE】键，返回频率监视。

（5）参数设定。例如，将参数 Pr 79 "操作模式选择"的设定值由"2"（外部操作模式）变更为"1"（面板操作模式）。操作如下。

用【MODE】键切换到【参数设定模式】→出现【Pr 】→按【SET】键→【P000】百位闪烁→按【SET】键→【P000】十位闪烁→按【▲】、【▼】键直到显示【P070】→按【SET】键→【P070】个位闪烁→按【▼】键显示【P079】→按【SET】→显示现在的设定值【2】→按【▼】键→显示变更值【1】→按【SET】键 1.5s 以上→显示闪烁的【Pr 79】，变更成功。如果不显示闪烁的【Pr 79】，说明没有按【SET】键 1.5s 以上，请重新设定。

（6）操作模式。在 Pr 79 "操作模式选择"的设定值为"0"时，按【▲】、【▼】键，则进入面板点动操作模式【JOC】或外部操作模式【OPEN】。对于其他的设定值（1~8）的情况，按照各自的内容，限定操作模式。

（7）恢复出厂设定值的操作。通常出厂设定值能满足大多数的控制要求，因此在使用前可先恢复出厂设定值。

按【MODE】键切换到【帮助模式】→显示【HELP】→按【▲】键→显示报警记录【E.H15】→按【▲】键→显示清除报警记录【Er.CL】→按【▲】键→显示清除参数【Pr.CL】→按【▲】键→显示全部清除【ALLC】→【SET】键→显示参数【0】→按【▲】键→显示参数【1】→【SET】键→显示闪烁的【ALLC】，完成恢复出厂设定值。

练习题

1. 对于 u/f 恒转矩控制方式，基准频率、输出电压及最大频率的关系是什么？
2. 为什么要设定上限频率 f_H 和下限频率 f_L？
3. 当电动机需要直流制动时，要设置哪 3 个参数？
4. 设置或修改变频器输出频率值的方法有哪几种？

任务三　实施变频器面板操作

任务引入

　　操作变频器面板按键，设定变频器输出频率 40Hz，实施对电动机正转、反转和停止控制，接线图如图 7.10 所示。

任务实施

　　变频器面板模式操作步骤如下。

　　（1）按图 7.10 所示连接线路，检查无误后接通电源。

　　（2）恢复变频器出厂设定值。有关出厂设定值（见附录 D）如下：

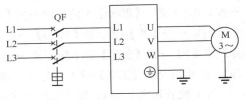

图 7.10　变频器面板操作模式接线图

　　参数【1 =120】，上限频率为 120Hz；

　　参数【2 = 0】，下限频率为 0Hz；

　　参数【3= 50】，基准频率为 50Hz；

　　参数【7 = 5】，启动加速时间为 5s；

　　参数【8 = 5】，停止减速时间为 5s；

　　参数【79 = 0】，外部操作模式，【EXT】灯亮。

　　注：加速时间是指输出频率从 0Hz 上升到运行频率所需要的时间，减速时间是指输出频率从运行频率下降到 0Hz 所需要的时间。

　　（3）修改不符合控制要求的出厂设定值。

　　修改参数【79 = 1】，选择面板操作模式，【PU】灯亮。

　　参数【1 =50】，上限频率为 50Hz。

　　（4）设定输出频率。用【MODE】键选择【频率设定模式】，用【▲】、【▼】键设定频率值为 40Hz，用【SET】键写入。

　　（5）正转。按【FWD】键，电动机加速启动，显示即时输出频率，【RUN】灯亮。

　　（6）反转。按【REV】键，电动机加速启动，显示即时输出频率，【RUN】灯闪烁。

　　（7）停止。按【STOP/RESET】键，电动机减速停止。【RUN】灯灭。

　　（8）切断电源。

练习题

　　1．什么是变频器的面板操作模式？在面板操作模式哪个指示灯亮？

　　2．变频器的出厂设定是什么操作模式？哪个指示灯亮？

　　3．写出变频器面板正转、反转、停止键的名称。

4．如果要求电动机启动过程缓慢，如何设置控制参数？

｜任务四　实施变频器外部操作｜

任务引入

由外部模拟电压信号设定变频器输出频率，操作外部开关实施对电动机正转、反转和停止控制，接线图如图 7.11 所示。

任务实施

变频器外部操作模式的操作步骤如下。

（1）按图 7.11 所示连接线路，接线无误后接通电源。

（2）恢复变频器出厂设定值。有关出厂设定值如下：

参数【1 =120】，上限频率为 120Hz；

参数【2 = 0】，下限频率为 0Hz；

参数【3 = 50】，基准频率为 50Hz；

参数【7 = 5】，启动加速时间为 5s；

参数【8 = 5】，停止减速时间为 5s；

参数【38 = 50】，5V（10V）输入时频率为 50Hz；

参数【73 = 0】，选择 5V 的输入电压（73=1，选择 10V 输入电压）；

参数【79 = 0】，外部操作模式，【EXT】灯亮。

（3）修改不符合控制要求的出厂设定值。

修改参数【79 = 1】，选择面板操作模式，【PU】灯亮。

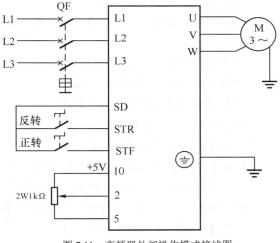

图 7.11　变频器外部操作模式接线图

修改参数【1 =50】，上限频率为 50Hz。

修改参数【79 = 0】，外部操作模式，【EXT】灯亮。

（4）把外接电位器逆时针旋转到底，输出频率设定为 0。把外接电位器慢慢顺时针旋转到底，输出频率逐步增大。

（5）正转。接通 STF-SD 旋钮，【RUN】灯亮，输出频率随电位器转动逐步增大。

（6）反转。接通 STR-SD 旋钮，【RUN】灯闪烁，输出频率随电位器转动逐步增大。

（7）停止。断开 STF、STR 旋钮。

（8）切断电源。

注：若 STF、STR 旋钮同时接通，则变频器停止输出，电动机停止。

练习题

1. 什么是变频器的外部操作模式？外部操作模式时哪个指示灯亮？
2. 如果外部模拟电压为 0～10V DC，如何设置控制参数？

| 任务五　实施变频器面板与外部组合操作 |

任务引入

由面板设定变频器输出频率 40Hz，由外部开关实施对电动机正转、反转和停止控制。接线图如图 7.12 所示。

任务实施

变频器面板与外部组合操作模式的操作步骤如下。

（1）按图 7.12 所示连接线路，接线无误后接通电源。

（2）恢复变频器出厂设定值。有关出厂设定值如下：

参数【1 =120】，上限频率为 120Hz；

参数【2 = 0】，下限频率为 0Hz；

参数【3= 50】，基准频率为 50Hz；

参数【7 = 5】，启动加速时间为 5s；

参数【8 = 5】，停止减速时间为 5s；

参数【79 = 0】，外部操作模式，【EXT】灯亮。

（3）修改不符合控制要求的出厂设定值。

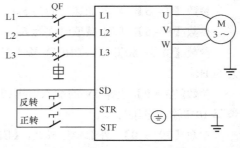

图 7.12　变频器面板与外部组合操作模式接线图

修改参数【79 = 3】，选择外部与面板组合操作模式，【PU】和【EXT】两灯亮。

参数【1 =50】，上限频率为 50Hz。

（4）设定输出频率。用【MODE】键选择【频率设定模式】，用【▲】、【▼】键改变频率值为 40Hz，用【SET】键写入。

（5）正转。接通 STF-SD 旋钮，【RUN】灯亮，输出频率逐步增大到 40Hz。

（6）反转。接通 STR-SD 旋钮，【RUN】灯闪烁，输出频率逐步增大到 40Hz。

（7）停止。断开 STF、STR 旋钮。

（8）切断电源。

练习题

1. 什么是变频器的面板与外部组合操作模式？哪个指示灯亮？

2. 若 STF、STR 旋钮同时接通，则变频器是否有输出？

任务六　应用继电器控制变频器调速

任务引入

某设备电动机 3 速运行曲线如图 7.13 所示，电动机启动后转速按低速→中速→高速变化。

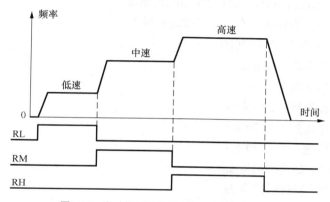

图 7.13　电动机低速启动，中、高速运行曲线

图 7.14 所示为继电器 3 速控制线路，各按钮的名称及动作见表 7.5。

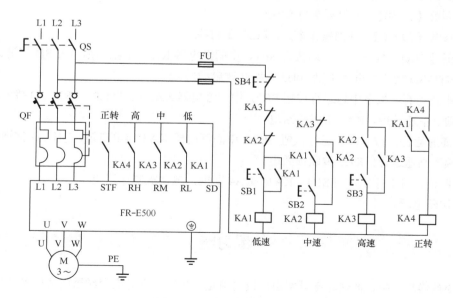

图 7.14　继电器 3 速控制线路

表 7.5 按钮的代号、名称和动作

代 号	名 称	动 作
SB1（常开按钮）	低速启动	电动机以 10Hz 频率低速启动
SB2（常开按钮）	中速运行	电动机以 30Hz 频率中速运行
SB3（常开按钮）	高速运行	电动机以 50Hz 频率高速运行
SB4（常闭按钮）	停止	电动机减速停止

注：变频器 3 速设定的场合，2 速以上同时被选中时，低速设定的频率优先。

任务实施

继电器 3 速控制操作步骤如下。

（1）按图 7.14 所示连接线路，接线无误后接通电源。

（2）恢复变频器出厂设定值。有关出厂设定值如下：

参数【1 = 120】，上限频率为 120Hz；

参数【2 = 0】，下限频率为 0Hz；

参数【3 = 50】，基准频率为 50Hz；

参数【4 = 50】，高速频率为 50Hz；

参数【5 = 30】，中速频率为 30Hz；

参数【6 = 10】，低速频率为 10Hz；

参数【7 = 5】，启动加速时间为 5s；

参数【8 = 5】，停止减速时间为 5s；

参数【79 = 0】，外部操作模式，【EXT】灯亮。

（3）修改不符合控制要求的出厂设定值。

修改参数【79 = 1】，选择面板操作模式，【PU】灯亮。

修改参数【1 = 50】，上限频率为 50Hz。

修改参数【79 = 0】，外部操作模式，【EXT】灯亮。

（4）低速启动。按下低速启动按钮 SB1，中间继电器 KA1 通电自锁，RL-SD 接通。KA4 通电自锁，STF-SD 接通，电动机以 10Hz 频率低速启动。

（5）中速运行。按下中速运行按钮 SB2，中间继电器 KA2 通电自锁，RM-SD 接通，电动机以 30Hz 频率中速运行。KA1 被联锁断电。

（6）高速运行。按下高速运行按钮 SB3，中间继电器 KA3 通电自锁，RH-SD 接通，电动机以 50Hz 频率高速运行。KA2 被联锁断电。

（7）停止。按下停止按钮 SB4，KA1～KA4 断电，电动机减速停止。

（8）切断电源。

练习题

1. 变频器高、中、低速输出频率出厂设定值是多少？分别对应变频器的哪些参数？

2. 有一台电动机受继电器-变频器系统控制，控制要求为低速启动，高速运行（低速、高速频率分别为 20Hz 和 50Hz）。操作时首先按下低速按钮 SB1 启动，然后按下高速按钮 SB2 运行；按下停止按钮 SB3 时，减速运行停止；加减速时间均为 8s。试绘出控制线路图，设定相关运行参数。

任务七 应用 PLC 控制变频器多段调速

某纺纱设备电气控制系统使用 PLC 和变频器，控制要求如下。

（1）为了防止启动时断纱，要求启动过程平稳。

（2）纱线到预定长度时停车。使用霍尔传感器将纱线输出机轴的旋转圈数转换成高速脉冲信号，送入 PLC 进行计数，达到定长值（70000 转）后自动停车。

（3）在纺纱过程中，随着纱线在纱管上的卷绕，纱管直径逐步增粗。为了保证纱线张力均匀，电动机应逐步降速运行。

（4）中途停车后再次开车，应保持停车前的速度状态。

控制线路如图 7.15 所示。主电路采用低压断路器进行短路和过载保护。主电路负载为 380V/10A/5kW/2 极三相交流异步电动机。变频器型号为三菱 FR-E540-5.5K-CHT，额定容量为 9.1kVA，适用 5.5kW 以下的电动机。PLC 的输入/输出端口分配和控制变频器的端子见表 7.6。

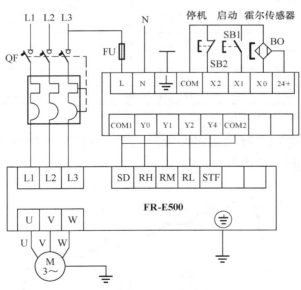

图 7.15 高速计数与变频调速控制线路

表 7.6   PLC 输入/输出端口分配和控制变频器端子

输入			输出控制变频器	
输入端口	输入元件	作用	输出端口	变频器
X0	BO	输入传感器信号	Y0	RH、调速控制端 1
X1	SB1（常开按钮）	启动	Y1	RM、调速控制端 2
X2	SB2（常闭按钮）	停止	Y2	RL、调速控制端 3
			Y4	STF、正转控制端

相关知识

一、霍尔传感器

霍尔传感器与纱线输出机轴的安装示意图如图 7.16 所示。霍尔传感器有 3 个端子，分别是正极（接 PLC 的 24+端）、负极（接 PLC 的 COM 端）和信号端（接 PLC 的输入端 X0）。当安装在机轴表面的磁钢掠过霍尔传感器表面时产生脉冲信号送入 X0，由于机轴转速高达上千转/分，所以使用高速计数器 C235 对 X0 的脉冲信号计数。

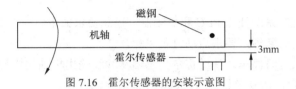

图 7.16　霍尔传感器的安装示意图

二、变频器多段速运行与 PLC 控制端子的关系

变频器多段速运行与 PLC 控制端子的关系见表 7.7。可以看出，用 PLC 的输出端子 Y2、Y1、Y0 分别控制变频器的多段速控制端 RL、RM、RH，可以设定 7 种速度。从工艺段速 1 到工艺段速 7，Y2、Y1、Y0 的状态从 001 变化到 111，对应变频器的输出频率从 50Hz 下降到 44Hz。

表 7.7　　　　　　　　　　　　　变频器多段速的 PLC 控制

工艺多段速	1	2	3	4	5	6	7
变频器设置的多段速	1	2	6	3	5	4	7
RL－Y2	0	0	0	1	1	1	1
RM－Y1	0	1	1	0	0	1	1
RH－Y0	1	0	1	0	1	0	1
变频器输出频率/Hz	50	49	48	47	46	45	44

注：表 7.7 中"0"表示断开，"1"表示接通。

Y2～Y0 的变化规律正好符合二进制数的加 1 运算，这使得编写 PLC 控制程序相对简单。变频器多段速运行曲线如图 7.17 所示。

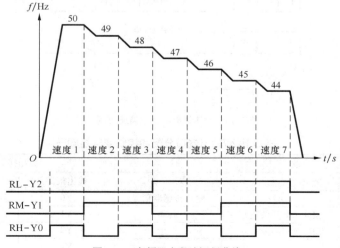

图 7.17　变频器多段速运行曲线

任务实施

一、设置变频器参数

（1）恢复出厂设定值，有关出厂设定值如下：

参数【1 = 120】，上限频率为 120Hz；

参数【2 = 0】，下限频率为 0Hz；

参数【3 = 50】，基准频率为 50Hz；

参数【4 = 50】，高速频率为 50Hz；

参数【5 = 30】，中速频率为 30Hz；

参数【6 = 10】，低速频率为 10Hz；

参数【7 = 10】，启动加速时间为 10s（型号 5.5K 为 10s）；

参数【8 = 10】，停止减速时间为 10s（型号 5.5K 为 10s）；

参数【78 = 0】，电动机可以正反转；

参数【79 = 0】，外部操作模式，【EXT】灯亮；

参数【251 = 1】，输出欠相保护功能有效。

（2）修改参数【79 = 1】，选择面板操作模式，【PU】灯亮。

（3）修改不符合控制要求的出厂设定值如下：

参数【1 = 50】，上限频率改为 50Hz，防止误操作后频率超过 50Hz；

参数【7 = 20】，启动加速时间改为 20s，满足启动过程平稳要求；

参数【9 = 10】，电子过电流保护 10A，等于电动机额定电流；

参数【4 = 50】，不修改，工艺 1 段频率为 50Hz；

参数【5 = 49】，工艺 2 段频率改为 49Hz；

参数【26 = 48】，工艺 3 段频率改为 48Hz；

参数【6 = 47】，工艺 4 段频率改为 47Hz；

参数【25 = 46】，工艺 5 段频率改为 46Hz；

参数【24 = 45】，工艺 6 段频率改为 45Hz；

参数【27 = 44】，工艺 7 段频率改为 44Hz；

参数【78 = 1】，电动机不可以反转。

（4）修改参数【79 = 0】，外部操作模式，【EXT】灯亮。

二、编写 PLC 控制程序

PLC 控制程序如图 7.18 所示。

程序工作原理如下。

中途停车后，再次开车时，为了保持停车前的速度状态，使用数据寄存器 D0 保存中途停车时的状态数据，并用 D0 控制输出字元件 K1Y0。

（1）程序步 0～5，为 D0 设初值 K1，即开机时 Y0 状态 ON，变频器输出 50Hz。

（2）程序步 6～11，定义使用高速计数器 C235。程序运行时特殊辅助继电器 M8000 触点始终闭合，高速计数器 C235 自动占用 X0 为增计数脉冲信号输入端，纱线机轴每旋转一圈，输入到

X0 一个脉冲信号，C235 对高速脉冲信号计数。

（3）程序步 12～15，自锁控制程序。X1 接启动按钮，X2 接停止按钮，Y4 接变频器正转控制端 STF。按下启动按钮时，STF 接通，变频器按加速时间（20s）启动至 50Hz 的运转频率，实现启动过程平稳。

（4）程序步 16～29，计数控制程序。C235 从 0 计数到预置值（10000）时，C235 触点闭合，D0 做加 1 运算，（D0）传送到 K1Y0，使 Y2、Y1、Y0 分别控制变频器多段速控制端 RL、RM、RH 的接通或断开，变频器按设定的多段输出频率控制电动机逐步降速运行。同时 C235 自复位，重新从 0 开始计数。

（5）程序步 30～46，定长停机控制程序。当（D0）= 8（总旋转圈数为 10000×7=70000 转，达到预定纱线长度）时，Y4～Y0 复位，变频器（电动机）按减速时间（10s）停机，C235 复位，D0 设初值 K1，为下次开车做好准备。

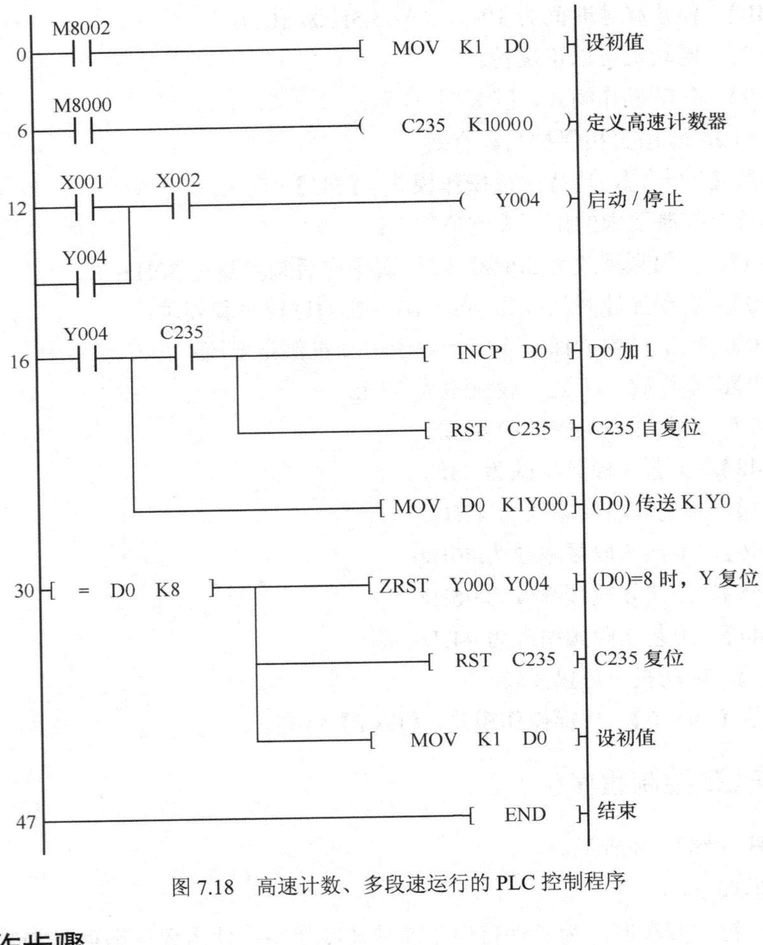

图 7.18　高速计数、多段速运行的 PLC 控制程序

三、操作步骤

模拟多段速运行的 PLC 控制程序的操作步骤如下。

（1）按图 7.15 所示连接控制线路。

（2）将图 7.18 所示程序写入 PLC，将高速计数器 C235 的预置值修改为 100，并进入程序监控状态。

（3）接通变频器电源，修改变频器参数，设置多段速频率。

（4）按下启动按钮 X1，使变频器运行，观察变频器输出频率的变化。

（5）反复接通 X0 端子，模拟机轴产生的脉冲信号。每当计数值为 100 时，变频器的输出频率数值减 1，电动机的速度逐步下降。当输出频率下降到 44Hz 后，再反复接通 X0 端子，变频器的输出频率下降为 0，电动机减速停止。

（6）按停止按钮 X2，电动机按减速时间停止。

（7）中途停车后再次开车时，变频器的输出频率保持为停车前的频率值。

练习题

1. 霍尔传感器有哪几个端子？

2. 为什么不使用普通计数器对 X0 的脉冲信号计数？

*课题八
触摸屏的使用

触摸屏（简称 GOT）是"人"与"机"相互交流信息的窗口，使用者只要用手指轻轻地触碰屏幕上的图形或文字符号，就能实现对机器的操作和获知控制信息。由触摸屏、PLC 和变频器组成的电气控制系统具有操作直观、信息量大、控制功能强、调速方便等优点，目前广泛应用于各类工业控制设备中。

|任务一　设置触摸屏的操作环境参数|

任务引入

设置触摸屏的操作环境参数是正确使用触摸屏的前提条件。通常在操作环境中应设置中文界面、当前日期和时间，并根据使用的 PLC 选择合适的类型参数和通信参数。

相关知识

一、触摸屏的屏幕显示部分规格

三菱 F940 系列触摸屏屏幕显示部分规格见表 8.1。

表 8.1　　　　　　　　　　　　F940 系列 GOT 屏幕显示部分规格

条　目		规　格		
		F940GOT-LWD	F943GOT-SWD	F940WGOT-TWD
显示元件	LED 类型	STN 型全点阵 LED		TFT 型全点阵 LED
	显示颜色	单色（黑白）	8 色	256 色
屏幕液晶有效显示尺寸		6 英寸		7 英寸
液晶寿命		大约 50000h 或更长（常温 25℃，普通湿度）		
背光		冷阴极管，寿命 50000h	冷阴极管，寿命 40000h 或更长	
接口	RS-422	有 1 个	无	有 1 个
	RS-232C	有 1 个	有 2 个	有 2 个

续表

条　目	规　格		
	F940GOT-LWD	F943GOT-SWD	F940WGOT-TWD
画面质量	用户创建画面：最多 500 个画面 FX-PCS-DU/WIN-E：N0～N499 或 GT Designer：N1～N500。 系统画面：30 个画面，N1001～N1030		
用户存储器	512KB 闪存		1MB 闪存
24V 电流消耗	390mA	410mA	650mA （背灯关闭 400mA）

注：① 画面色彩代号：T—256 色；S—8 色；L—黑白；B—蓝色；

　　② 1 英寸=25.4mm。

二、触摸屏的电源端和通信接口

F940WGOT 型触摸屏的背面和侧面如图 8.1 所示，板上有 1 个电源接线端，有 3 个串行通信接口，分别是 COM0、COM1 和 COM2。

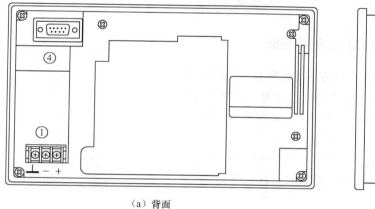

（a）背面　　　　　　　　　　　　（b）侧面

图 8.1　F940WGOT 电源端与通信接口

1．电源端

图 8.1 中①为直流 24V 电源端。要求接地电阻 100Ω 或更小（如果不可能接地，则省略）。因为 F940WGOT 型触摸屏消耗电流较大，而 FX 系列 PLC 的 24V 电源输出电流有限（见课题二中任务一），所以通常使用外部 24V 直流电源为 F940WGOT 型触摸屏供电。

2．通信接口 COM0

图 8.1 中②为 9 针 D 形阴性接头（RS-422 接口），地址为 COM0，用于触摸屏与 PLC 通信。

3．通信接口 COM1

图 8.1 中③为 9 针 D 形阳性接头（RS-232C 接口），地址为 COM1，用于触摸屏与 PLC 通信，不能用于与计算机通信。

4．通信接口 COM2

图 8.1 中④为 9 针 D 形阳性接头（RS-232C 接口），地址为 COM2，用于触摸屏与计算机通信。

三、GOT 与 PLC 和计算机的通信连接

F940WGOT 与 FX 系列 PLC、计算机的通信连接如图 8.2 所示。外置 24V 直流电源为 GOT 供

电。GOT 的通信接口 COM2 通过 RS-232C 电缆连接到计算机的串行通信接口 COM1。GOT 的通信接口 COM1 通过 RS-232C/RS-422 转换电缆（型号 SC-09，即 PLC 编程电缆）连接到 FX 系列 PLC 的通信接口（或将 GOT 的通信接口 COM0 通过 RS-422 电缆连接到 PLC 的 RS-422 通信接口）。GOT 双通信接口方式可以在计算机上同时编写和下载 GOT 用户程序和 PLC 用户程序（在传送 GOT 用户画面数据时，应停止对 PLC 程序的监控，以免传送失败）。

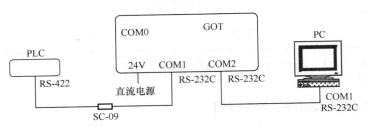

图 8.2　GOT 与 PLC 和计算机的通信连接

任务实施

一、进入 GOT 操作环境设置画面

初次使用 GOT 时，要根据设备情况设置 GOT 的环境参数。在接通 GOT 电源的同时按住屏幕左上角，几秒钟后显示操作环境设置菜单中的语言设置画面，操作步骤如图 8.3 所示。

语言设置画面如图 8.4（a）所示，触击屏幕中方框可以选择多国文字，通常选择"简体中文"。语言设置英文画面的中文注释如图 8.4（b）所示。

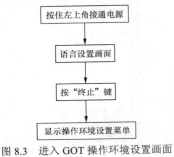

图 8.3　进入 GOT 操作环境设置画面

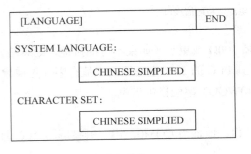

（a）英文画面

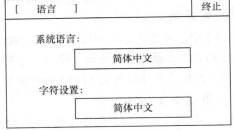

（b）对英文画面的中文注释

图 8.4　语言设置画面

二、设置操作环境参数

选择简体中文后，按右上角的"END"按键，完成系统语言设置。此时屏幕显示操作环境设置中文菜单，如图 8.5 所示。触摸菜单中各栏文字符号，可以设置①～⑩项的功能。

1．设置 PLC 类型

PLC 类型设置画面如图 8.6 所示。根据使用的 PLC 型号和 GOT、PLC 连接的通信接口进行选择。例如，PLC类型选择FX系列，连接方式选择RS232C。在PLC类型中，可以选择不同厂商或类型的PLC。

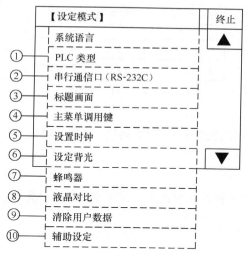

图8.5 操作环境设置中文菜单

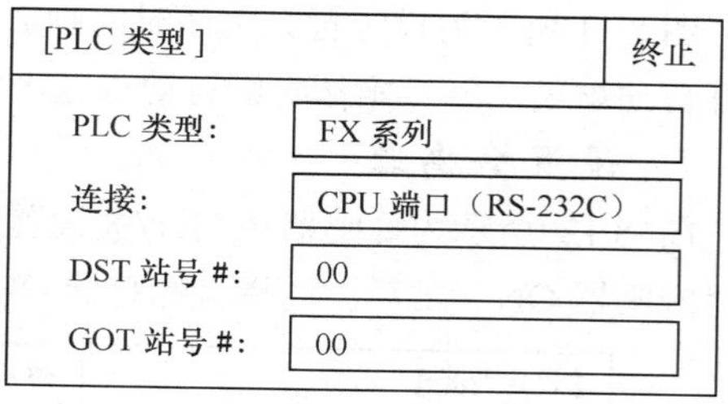

图8.6 PLC类型设置画面

2. 设置串行通信口

串行通信口用来设置GOT与外部设备的通信参数，设置画面和参数如图8.7所示。

3. 设置标题画面

标题设置画面如图8.8所示。以秒为单位设置电源接通时的型号、版本等标题画面的显示时间，用画面底部的小键盘输入数字，按"ENT"键确定。建议将FX系列PLC设置为1s以上。

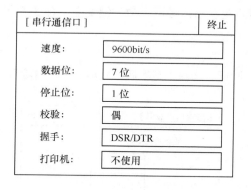

图8.7 串口通信参数设置画面

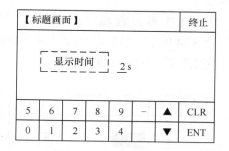

图8.8 标题显示时间设置画面

4. 设置主菜单调用键

设置主菜单调用键画面如图8.9所示，在画面的4个角中可以选择1～2个位置。调用键的功能是将用户画面切换到主菜单画面。未设定主菜单调用键时，只能显示用户画面。若在用户画面中要显示主菜单，需要按住主菜单调用键。

5. 设置日期、时钟

日期、时钟设置画面如图8.10所示。触摸"日期""时间"方框，用小键盘输入数字，按"ENT"键确定。

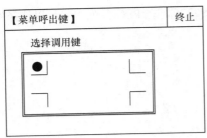

图 8.9　主菜单调用键设置画面

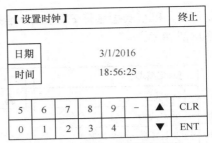

图 8.10　日期、时钟设置画面

6．设定背光

图 8.11 所示为设定背光关闭时间画面。若没有触摸键或用户画面的切换，到指定时间后，背景灯自动熄灭，一旦操作时则自动点亮。

7．设置蜂鸣器

图 8.12 所示为蜂鸣器声响开/关设置画面。选择按键操作或发生错误时蜂鸣器是否发声。选择"蜂鸣器 ON"发声，选择"蜂鸣器 OFF"不发声。

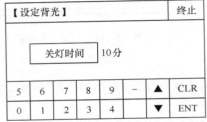

图 8.11　背光设置画面

图 8.12　蜂鸣器声响开/关设置画面

8．设置液晶对比

图 8.13 所示为液晶对比度设置画面。触摸"◀"键变暗，触摸"▶"键变亮，有 3 个等级可以设定。

9．清除用户数据

图 8.14 所示为用于清除 GOT 中存储用户数据的画面。选择"是"后，显示"正在清除"，显示"完成"后，表示已清除完毕。

图 8.13　液晶对比度设置画面

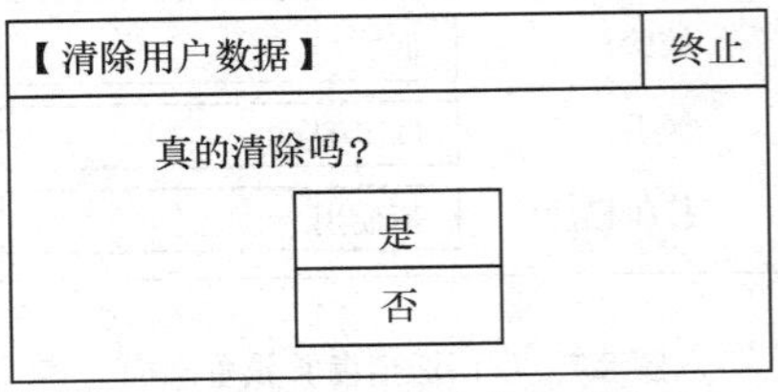

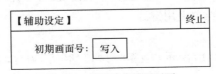

图 8.14　清除用户数据画面

10．辅助设定

图 8.15 所示为辅助设定画面。选择初期画面写入否。

【辅助设定】　　　　　　　　　　　　　终止

初期画面号：　写入

图 8.15　辅助设定设置画面

三、各种工作模式的选择操作

设置主菜单调用键后，按下指定的位置，便会显示图 8.16 所示的"选择菜单"画面。触摸菜单中各栏文字符号，可以进入 GOT 的 6 种工作模式。这 6 种工作模式中常用的是"用户屏模式"和"其他模式"。各种工作模式功能概要见表 8.2。

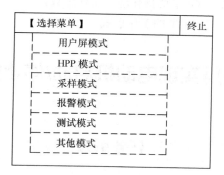

图 8.16 工作模式选择菜单画面

表 8.2 GOT 6 种工作模式功能概要

模 式	功 能	功 能 概 要
用户屏模式	显示用户制作画面	显示用用 GOT 软件编辑的图形
HPP 模式	程序清单	可以以指令表的形式编辑、读写 PLC 程序
	参数	编辑 PLC 的参数
	软元件监视	对 PLC 的任何一个软元件进行 ON/OFF、设定值/当前值的监视，也可以强行 ON/OFF
	清单监视	在运行状态下对 PLC 程序清单监视
	动作状态监视	显示 FX 系列 PLC 状态（S）中的 ON 状态序号
HPP 模式	缓冲存储器监视	监视 FX$_{2N}$ 系列特殊模块缓冲存储器（BFM），也可以改写它们的设定值
	PC 诊断	读取和显示 PLC 错误信息
采样模式	设定条件	设定采样条件、开始条件、终止条件、采样软元件
	显示结果（清单）	以清单形式显示采样结果
	显示结果（图表）	以图形形式显示采样结果
	清除数据	清除采样结果
报警模式	显示状态	在清单中显示现在处于 ON 状态报警元素相对应的信息
	报警记录	按顺序存储、显示报警时间和报警信息
	报警总计	报警事件次数记录，最多可总计 32767 个
	清除记录	将报警记录、报警总计全部清除
测试模式	用户屏	以画面编号的顺序显示用户画面
	数据文件	对用画面制作软件编写的数据文件进行编辑
	调试	检测操作，看显示用户画面上键操作能否正确执行
	通信监测	显示通信接口状态
其他模式	设定时间开关	在指定时间段将指定元件设为 ON/OFF
	数据传送	在计算机和 GOT 间传送用户制作画面、报警记录、采样等数据
	打印输出	采样数据和报警记录输出到打印机
	关键字	登记保护画面程序的密码
	设定模式	对系统语言、连接 PLC 等 GOT 操作环境进行设定

练习题

1. 触摸屏的供电电源类型和数值是什么？
2. F940WGOT 有几个通信接口？各与什么设备连接？
3. 参考图 8.3～图 8.15 设置 GOT 的操作环境工作参数。
4. 参考图 8.16 和表 8.2 查看 GOT 的工作模式。

任务二　用触摸屏实现电动机启动/停止控制和故障显示

任务引入

　　某设备使用触摸屏来实现对电动机的启动/停止控制和故障显示。用户画面有 4 个，其中画面 1 为操作画面，画面标题为"电动机启动/停止控制"，并动态显示当前日期和时间。在画面 1 中，用手指触摸屏幕上启动按钮，电动机启动，并显示字符"电动机运转中"，如图 8.17（a）所示；用手指触摸停止按钮，电动机停止，并显示字符"电动机停止"，如图 8.17（b）所示。

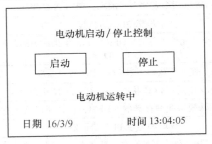

（a）电动机运转画面　　　　　（b）电动机停止画面

图 8.17　画面 1

　　图 8.18 所示为故障画面（画面 2）。当热继电器过载保护动作后，电动机停止，屏幕上故障报警指示灯红、黄色交替闪烁。排除故障后，按返回按钮，从画面 2 返回到画面 1。

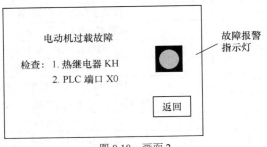

图 8.18　画面 2

　　图 8.19 所示为故障画面（画面 3）。当生产现场出现紧急情况按下"紧急停止"按钮时，电动机停止，故障报警指示灯红、黄色交替闪烁。排除紧急情况后，按返回按钮，从画面 3 返回到画面 1。

图 8.20 所示为故障画面（画面 4）。当设备车门打开时，电动机停止，故障报警指示灯红、黄色交替闪烁。设备车门关闭后，按返回按钮，从画面 4 返回到画面 1。

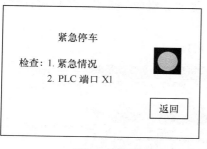

图 8.19　画面 3

图 8.20　画面 4

相关知识

一、F940GOT 的基本操作

F940GOT 从接通电源到选择工作模式的流程及说明如图 8.21 所示。

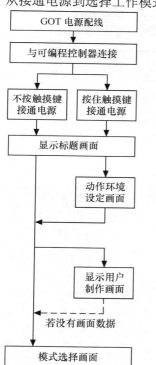

- 进行 GOT 的电源配线。

- 用连接电缆来连接 GOT 与可编程控制器。

- 接通 GOT 的电源。按 GOT 的画面左上角（触摸键）1 秒以上，接通电源，于是便显示出工作环境设定画面。

- 显示用户画面。这时若没有用户制作画面，则显示模式选择画面。

图 8.21　GOT 启动顺序流程图

二、GTDesigner2 画面制作软件介绍

三菱触摸屏画面制作软件有 FX-PCS-DU/WIN 和 GTDesigner2，前者主要用于 F940 系列触摸屏，后者可用于三菱全系列触摸屏，软件可登录三菱电机自动化（中国）有限公司网站 http://cn.mitsubishielectric.com/fa/zh/。GTDesigner2 软件功能完善，图形部件和对象部件丰富，

窗口界面直观形象，操作简单易学。

GTDesigner2 软件安装完毕后，单击快捷方式图标进入软件的主界面，如图 8.22 所示。主界面由标题栏、菜单栏、工具栏、部件栏及编辑区等部分组成，操作方法与流行软件相同。

1．图形部件

图形部件如图 8.23 所示，各部件的功能概要见表 8.3。

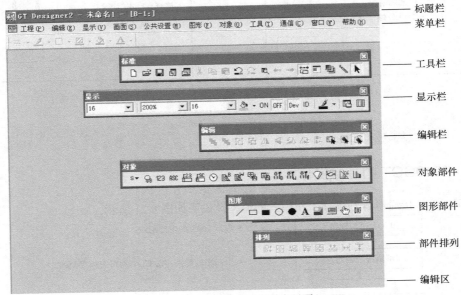

图 8.22　GTDesigner2 软件主界面

图 8.23　图形部件

表 8.3　　　　　　　　　　　　　　　　图形部件功能概要

编　号	部　件　名　称	功　能　概　要
1	直线	绘制连接指定两点的直线
2	矩形	在画面上绘制一个矩形
3	填充矩形	在画面上绘制以指定颜色填充的矩形
4	圆	在画面上绘制一个圆
5	填充圆	在画面上绘制以指定颜色填充的圆
6	文本	在画面上输入字母、数字和符号
7	读入图像数据	接受存储的图像文件，并转换成图形
8	矩形范围指定	将矩形范围指定的图像显示在画面上
9	窗口指定	将整个窗口的图像显示在画面上
10	读入 DXF 数据	接受 DXF 文件并转换成图形

2．对象部件

对象部件如图 8.24 所示，各部件的功能概要见表 8.4。

图 8.24　对象部件

表 8.4　　　　　　　　　　　　对象部件功能概要

编　号	部 件 名 称	功 能 概 要
1	开关/按钮	有 8 种，用触摸键控制 PLC 位元件的 ON/OFF 状态，或用于画面切换等功能
2	指示灯（位）	有 4 种，显示 PLC 位元件的 ON/OFF 状态
3	数值显示	显示 16 位或 32 位字元件的数值
4	ASCII 显示	显示 ASCII 字符
5	数值输入	向 PLC 字元件传送数值
6	ASCII 输入	输入 ASCII 字符
7	时钟显示	显示当前时间或日期
8	注释显示（位）	根据 PLC 位元件的 ON/OFF 状态显示直接注释或已登录注释
9	注释显示（字）	根据 PLC 字元件数值显示已登录注释
10	报警记录显示	显示报警日期、时刻和信息
11	报警列表显示	设置报警软元件参数
12	部件显示（位）	根据位元件的 ON/OFF 状态来显示已登录部件/基本画面
13	部件显示（字）	根据字元件数值来显示已登录部件/基本画面
14	部件显示（固定）	在一个位元件的上升沿/下降沿，显示已登录部件/基本画面
15	面板仪表	以面板仪表的格式显示 PLC 一个字元件的数据
16	趋势图表	以趋势图的形式显示 PLC 字元件的数据，最多可显示 4 个
17	折线图表	以折线图的形式显示 PLC 字元件的数据，最多可显示 4 个
18	条形图表	以棒图的形式显示 PLC 字元件的数据，用于监控

任务实施

一、电动机启动/停止控制线路

触摸屏与 PLC 组成的电动机启动/停止控制线路如图 8.25 所示，为了防止触摸屏出现故障时无显示而不能停机，还应有硬件紧急停止按钮。计算机、PLC 和 GOT 的通信连接如图 8.2 所示，控制线路与通信连接无误后，接通计算机、PLC 和 GOT 电源（GOT 使用供电电流大于 1A 的外置 24V 直流电源）。PLC 的输入/输出端口分配见表 8.5，触摸屏画面软元件的分配见表 8.6。

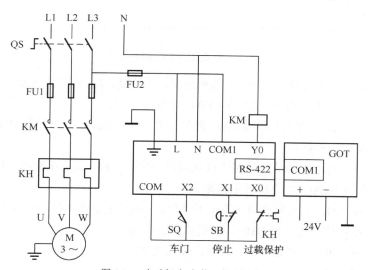

图 8.25　电动机启动/停止控制线路

表 8.5

PLC 输入/输出端口分配表

输 入			输 出		
输入端口	输入器件	作用	输出端口	输出器件	作用
X0	KH（常闭触点）	过载保护	Y0	接触器 KM	电动机 M
X1	SB（常闭按钮）	紧急停止			
X2	SQ（常开触点）	车门限位			

表 8.6

触摸屏画面软元件分配表

元 件	名 称
M0	启动按钮（绿色）
M1	停止按钮（红色）
D100	画面序号寄存器。将 GOT 默认画面序号寄存器 GD100 改为 D100

二、设计与下载 PLC 控制程序

1. 设计 PLC 程序

根据表 8.5 和表 8.6 对元器件的分配，电动机启动/停止控制程序如图 8.26 所示。启动 PLC 编程软件 GX-Developer 8.86 进行编写用户程序，程序工作原理如下。

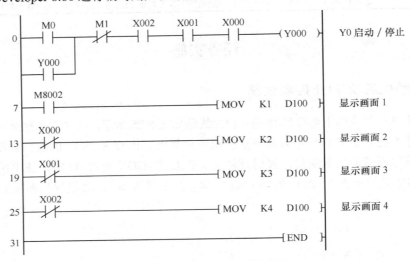

图 8.26　电动机启动/停止控制程序

（1）程序步 0～6，输出端 Y0 的启动/停止控制。当触摸启动按钮时，M0 触点闭合，Y0 通电自锁；当触摸停止按钮时，M1 触点断开，Y0 断电解除自锁。

（2）程序步 7～12，初始化脉冲 M8002 将常数 K1 写入画面序号寄存器 D100，即 PLC 程序开始运行时触摸屏显示画面 1。

（3）程序步 13～18，当热继电器 KH 过载保护动作时，输入端 X0 断电，Y0 断电停止。K2写入画面序号寄存器 D100，触摸屏显示画面 2。

（4）程序步 19～24，当在紧急情况下按下"紧急停止"按钮 SB 时，输入端 X1 断电，Y0 断电停止。K3 写入画面序号寄存器 D100，触摸屏显示画面 3。

（5）程序步 25～30，当设备车门打开时，输入端 X2 断电，Y0 断电停止。K4 写入画面序号寄存器 D100，触摸屏显示画面 4。

2．下载 PLC 程序

（1）单击触摸屏主菜单调用键，进入"选择菜单"画面，在 6 种工作模式中选择"其他模式"，在"其他模式"下单击"数据传送"字符，显示数据传送画面，如图 8.27 所示。此时为 GOT 与计算机交换数据的状态。

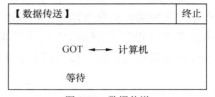

图 8.27　数据传送

（2）单击 PLC 编程软件 GX-Developer 8.86 中"PLC写入"键，用户程序即通过触摸屏传送给 PLC，触摸屏自动返回"其他模式"画面。

三、设计与下载 GOT 用户画面

1．新建工程

打开 GTDesigner2 软件，选择"新建"，弹出图 8.28 所示的 GOT/PLC 型号选择对话框。选择 GOT 的类型为"F940WGOT（480×234）"，PLC 的类型为"MELSEC-FX"，画面颜色为"256 色"。选择完毕后按"确定"按钮，自动生成空白画面 1，如图 8.29 所示。

图 8.28　选择 GOT/PLC 对话框

图 8.29　画面 1 的属性

2．编辑画面 1

画面 1 如图 8.30 所示，由文本、日期显示、时间显示、注释显示（位）和按钮构成。

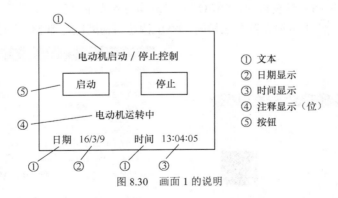

图 8.30　画面 1 的说明

（1）插入文本。在图 8.30 所示图形中，①是文本字符。单击图形部件栏中文本"A"按钮，弹出图 8.31 所示的文本设置窗口。输入要设置的文本字符"电动机启动/停止控制"，选择文本颜色和字体大小。设置完毕，单击"确定"按钮，将文本拖到编辑区合适位置。文本字符"日期""时间"的操作方法与此相同。

（2）插入日期或时间。在图 8.30 所示图形中，②是日期显示。单击对象部件栏中"时钟显示"按钮，在编辑区放置时钟图形，双击时钟图形，弹出图 8.32 所示日期、时间设置窗口。在种类栏中选择"日期"，选择图形颜色和数值字体大小。设置完毕，单击"确定"按钮，将日期图形拖到编辑区合适位置。时间显示图形③在种类栏中应选择"时刻"，其他操作方法相同。

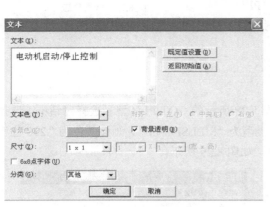

图 8.31　文本设置窗口

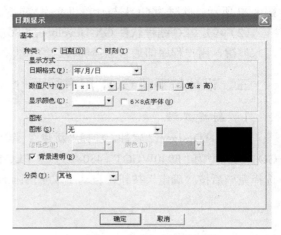

图 8.32　日期、时间设置窗口

（3）插入注释显示（位）。在图 8.30 所示图形中，④是注释显示（位）。单击对象部件栏中"注释显示（位）"按钮，放置在编辑区，双击注释显示框，弹出图 8.33 所示的注释显示（位）设置窗口。在基本窗口中选择软元件"Y0"。在显示注释窗口中，选择"ON"和"直接注释"选项，写入字符"电动机运转中"，选择颜色和字体大小，选择"OFF"和"直接注释"选项，写入字符"电动机停止"，选择颜色和字体大小，然后再将注释拖到编辑区合适位置。

（4）插入按钮。在图 8.30 所示图形中，⑤是两个按钮。以 启动 按钮为例，单击对象部件栏中"开关 S"按钮，选择位开关放置在编辑区，双击位开关，弹出图 8.34 所示的位开关设置窗口。在基本窗口动作设置栏中选择软元件"M0"，即 启动 按钮与 PLC 的辅助继电器 M0 关联。选择"点动"动作方式，在显示方式栏中选择图形和颜色，M0 在状态 ON 时选择明绿色，在状态 OFF 时选择暗绿色。在文本/指示灯窗口中，ON/OFF 状态均写入文本字符"启动"，设置完毕将按钮拖到编辑区合适位置。 停止 按钮设置方法相同， 停止 按钮与辅助继电器 M1 关联，颜色选择红色。

图 8.33　注释设置窗口

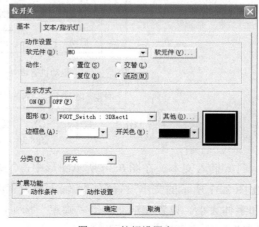

图 8.34　按钮设置窗口

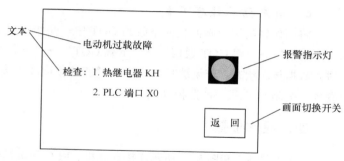

图 8.35　画面 2 的说明

3. 编辑画面 2

单击菜单栏"画面""新建"，自动生成空白画面 2。用户画面 2 如图 8.35 所示，由文本、报警指示灯和画面切换开关构成。

（1）插入报警指示灯。"指示灯"用于在触摸屏画面上显示 PLC 或 GOT 位元件状态。单击对象部件栏中的"指示灯显示（位）"按钮，弹出图 8.36 所示的指示灯显示（位）设置窗口。在基本窗口软元件栏中选择秒脉冲辅助继电器 M8013。在显示方式栏中选择图形和颜色，M8013 在 ON 状态时选择红色，在 OFF 状态时选择黄色。

（2）插入画面切换开关。因为画面切换开关的作用是从画面 2 返回到画面 1，所以画面切换开关对话栏中要选择切换到固定画面"1"，文本字符为"返回"，选择开关状态 ON 时为明蓝色，OFF 时为暗蓝色，如图 8.37 所示。用同样方法编辑故障画面 3 和故障画面 4。

图 8.36　指示灯显示（位）设置窗口

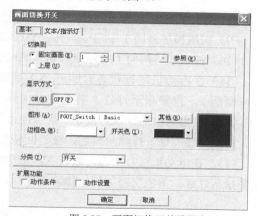

图 8.37　画面切换开关设置窗口

4. 修改画面切换控制字元件

触摸屏切换画面有两种方式，一种是设置画面切换开关，另一种是通过 PLC 程序控制。若利用 PLC 程序实现画面切换，需要将 GT 软件中画面切换数据寄存器 GD100 修改为 PLC 的数据寄存器。单击 GTDesigner2 菜单"公共设置"→"系统环境"→"画面切换"，将基本画面窗口中软元件 GD100 修改为 PLC 的画面序号数据寄存器 D100，如图 8.38 所示。实现画面切换的 PLC 程序如图 8.26 所示，当（D100）=K1 时，显示画面 1；当（D100）=K2 时，显示画面 2……。

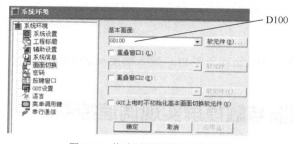

图 8.38　修改画面切换控制字元件

5. 保存画面文件

单击菜单栏"工程""保存"，选择保存路径，输入文件名"电动机触摸屏启动停止控制"，保存触摸屏用户画面程序。

6．用户画面程序下载

将制作好的用户画面程序下载到 GOT 中，操作步骤如下：单击 GTDesigner2 软件"菜单" → "通信" → "跟 GOT 通信" → "下载 GOT" → "下载"，开始数据下载操作，此时 GOT 自动进入数据传送状态。若无法写入 GOT，检查通信电缆连接及 GTDesigner2 软件与 GOT 的通信设置项，关闭 PLC 程序的监控功能。

四、操作步骤

（1）按图 8.2 和图 8.25 所示连接计算机、PLC 和触摸屏。

（2）将图 8.26 所示程序下载 PLC。

（3）将图 8.17～图 8.20 所示用户画面的程序下载 GOT。

（4）使 PLC 处于程序运行状态。

（5）PLC 上输入指示灯 X0 应点亮，表示热继电器 KH 工作正常。

（6）PLC 上输入指示灯 X1 应点亮，表示紧急停止按钮 SB 连接正常。

（7）PLC 上输入指示灯 X2 应点亮，表示车门已关闭，压迫行程开关 SQ 闭合。

（8）在正常工作状态下，显示触摸屏操作画面 1。

（9）按触摸屏画面 1 中 启动 按钮，Y0 状态 ON，电动机启动，显示"电动机运转中"。

（10）按触摸屏画面 1 中 停止 按钮，Y0 状态 OFF，电动机停止。显示"电动机停止"。

（11）在电动机运行状态时断开 X0 接线端，模拟热继电器过载保护。电动机停止，显示故障画面 2，报警指示灯红、黄色交替闪烁。排除故障后，按 返回 按钮，返回操作画面 1。

（12）在电动机运行状态按下"紧急停止"按钮，电动机停止。显示故障画面 3，报警指示灯红、黄色交替闪烁。排除故障后，按 返回 按钮，返回操作画面 1。

（13）在电动机运行状态时断开 X2 接线端，模拟打开车门，电动机停止。显示故障画面 4，报警指示灯红、黄色交替闪烁。排除故障后，按 返回 按钮，返回操作画面 1。

练习题

1．怎样在画面中插入文本字符？

2．怎样在画面中插入日期和时间显示？

3．怎样在画面中插入画面切换开关？

4．怎样在画面中插入动作按钮？

5．怎样在画面中插入注释显示（位）？

6．在触摸屏操作界面上已设置停止按钮图标，为什么还要在 PLC 输入端接入硬件停止按钮？

任务三　用 PLC、变频器与触摸屏实现调速控制

任务引入

目前在生产线上广泛应用 PLC、变频器和触摸屏构成人机对话调速控制系统，使自动化控制

如虎添翼，本任务控制要求如下。

（1）电动机调速控制系统由 PLC、模拟量扩展模块、触摸屏和变频器构成，要求控制功能强，操作方便。

（2）可以在屏幕上通过修改和设定变频器的输出频率来实现电动机调速控制。

（3）触摸屏操作画面上有"启动""停止""正转点动""反转点动"4 个软按钮。启动/停止控制用于正式生产；正转点动/反转点动控制用于调试生产工艺；外接硬件"紧急停止"按钮用于生产现场出现紧急情况或触摸屏无法显示时停机。

（4）出现故障时自动停车并显示故障画面。

任务实施

一、主电路

电气控制系统主电路如图 8.39 所示。电动机受变频器控制，由空气开关 QF1 提供过载和短路保护。变频器的模拟量输入端连接模拟量扩展模块的电压输出端，随 D/A 转换电压对电动机进行调速。变频器正转控制端 STF 受中间继电器 KA1 控制，反转控制端 STR 受中间继电器 KA2 控制。电源 380V AC 经变压器 T 降压为 220V AC，供 PLC 和 PLC 输出端负载使用，220V AC 经整流后输出 24V DC 供触摸屏使用。

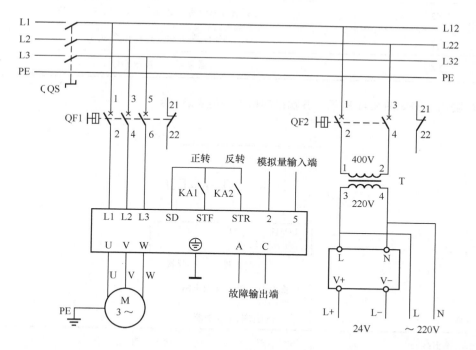

图 8.39　主电路

二、PLC 控制电路

PLC 基本单元的型号为 FX_{2N}-48MR，PLC 输入电路如图 8.40 所示，各输入端口的功能见表 8.7。

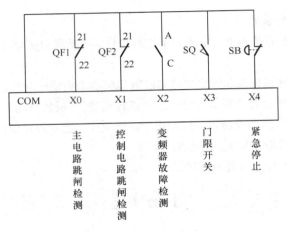

图 8.40　PLC 输入电路

表 8.7 输入端口与功能

输入端口	功　　能
X0	主电路跳闸检测（空气开关 QF1）
X1	控制电路跳闸检测（空气开关 QF2）
X2	变频器故障检测（变频器故障输出端 A、C）
X3	车门门限开关（行程开关 SQ）
X4	紧急停止（按钮 SB）

PLC 输出电路如图 8.41 所示，各输出端口的功能见表 8.8。

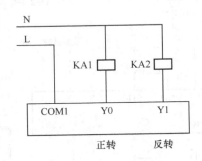

图 8.41　PLC 输出电路

表 8.8 输出端口与功能

输出端口	功　　能
Y0	正转中间继电器（KA1）
Y1	反转中间继电器（KA2）

　　PLC 基本单元（FX$_{2N}$-48MR）、模拟量扩展模块（FX$_{0N}$-3A）和触摸屏单元（F940WGOT）连接电路如图 8.42 所示。模拟量扩展模块的输出电压连接变频器的模拟量输入端。

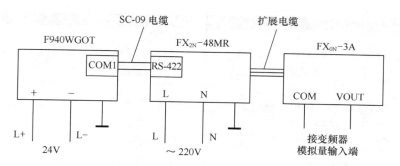

图 8.42 PLC 基本单元、模拟量模块和触摸屏连接电路

三、触摸屏显示画面与关联部件

因为要利用 PLC 程序实现切换画面，所以需要在 GT 软件中设置画面切换控制字元件。单击 GTDesigner2 菜单"公共设置"→"系统环境"→"画面切换"，将基本画面窗口中软元件 GD100 改为 PLC 的数据寄存器 D100。

1. 编辑触摸屏用户画面 1

触摸屏用户画面 1 如图 8.43 所示，"启动""停止""正转点动""反转点动"按钮分别与 PLC 辅助继电器 M10、M20、M30、M40 关联。触摸 速度调整 按钮，切换到触摸屏画面 2。

2. 编辑触摸屏用户画面 2

触摸屏用户画面 2 如图 8.44 所示，电动机频率设定值通过"数值输入"储存在停电保持数据寄存器 D200，只要不输入新的数值，D200 的数值始终保持不变，便于下次开车。根据工艺要求，电动机工作频率范围为 30～50Hz。设置结束后触摸 返回操作 按钮，返回触摸屏用户画面 1。

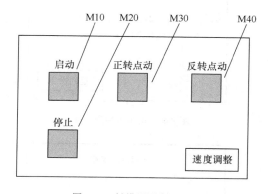

图 8.43 触摸屏用户画面 1

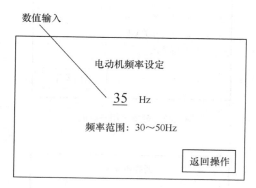

图 8.44 触摸屏用户画面 2

"数值输入"用来在触摸屏画面上输入数值，单击对象部件栏中的"数值输入"按钮，弹出图 8.45 所示的数值输入设置窗口。在基本窗口种类栏中选择"数值输入"，在软元件栏中选择 D200，数据长度 16 位。在显示方式栏中选择数据类型为"无符号 10 进制数"，2 位数，无小数位，高质量字体。

在选项窗口控制范围栏中选择上限值为 50，下限值为 30，即超过上、下限的数值禁止输入，如图 8.46 所示。

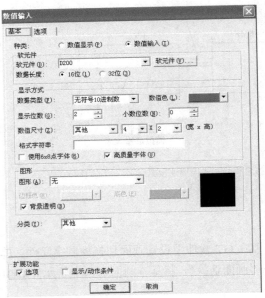

图 8.45　数值输入基本设置窗口　　　　图 8.46　数值输入选项设置窗口

3．编辑触摸屏用户画面 3～7

用户画面 3～7 如图 8.47～图 8.51 所示。当出现故障时自动停车并显示相应的故障现象和检查方法，有利于迅速排除故障。故障排除后触摸 返回操作 按钮，返回触摸屏用户画面 1。

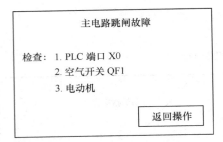

图 8.47　触摸屏用户画面 3

图 8.48　触摸屏用户画面 4

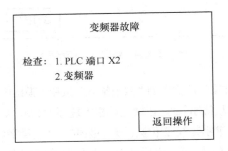

图 8.49　触摸屏用户画面 5

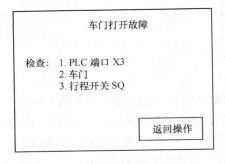

图 8.50　触摸屏用户画面 6

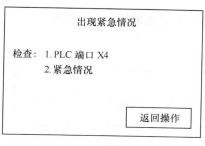

图 8.51 触摸屏用户画面 7

四、PLC 程序

PLC 步进指令程序如图 8.52～图 8.55 所示，程序由初始状态继电器 S0～S2 构成，各状态继电器主要功能见表 8.9。

表 8.9   步进指令程序中状态继电器的功能

状态继电器	功 能
S0	设置故障位、显示故障画面，故障控制字为 K2M0
S1	数模转换，输出与频率值对应的模拟电压
S2	启动/停止操作与点动操作

1．初始化程序

图 8.52 所示为 PLC 初始化程序。当 PLC 程序运转时，初始化脉冲 M8002 使初始状态继电器 S0～S2 同时处于活动状态，并将常数 K1 传送画面序号寄存器 D100，显示用户画面 1。

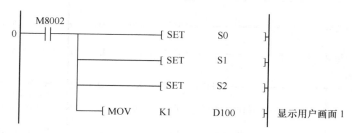

图 8.52 PLC 初始化程序

2．设置故障控制字与显示故障画面

图 8.53 所示为 S0 程序段。当空气开关 QF1 出现跳闸故障时，X0 常开触点闭合，传送指令 MOV 将 K3 送入画面序号寄存器 D100，触摸屏显示用户画面 3。辅助继电器 M0 通电为 1，故障控制字元件 K2M0≠0，全机自动停车。出现其他故障的处理方式相同。若不出现任何故障，K2M0=0，可正常开车。

3．数模转换

图 8.54 所示为 S1 程序段，电动机工作频率设定值存储于 D200。根据生产工艺对输入频率限定在 30～50Hz 范围的要求，设计程序步 49～68，从而使 30≤（D200）≤50。由于模拟量扩展模块的输出特性为 250 对应 10V，所以设定频率 f =D200×250/50=D200×5。即将（D200）扩大 5 倍存入 D210，然后将（D210）写入 FX₀N-3A 的缓冲存储器 BFM 16，启动 D/A 转换，将模拟电

压输出到变频器的模拟量输入端，从而控制电动机的转速。

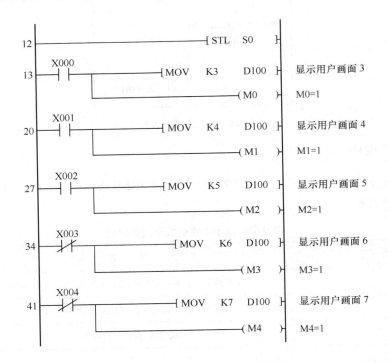

图 8.53　PLC 状态 S0 程序

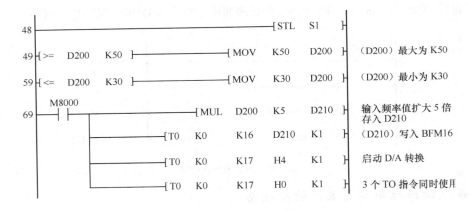

图 8.54　PLC 状态 S1 程序

4．输出控制

图 8.55 所示为 S2 程序段，在无故障时，K2M0=0。触摸"启动"按钮 M10，M60 通电自锁，输出端 Y0 通电。触摸"停止"按钮 M20，M60 断电解除自锁，Y0 断电。

触摸"正转点动"按钮 M30，M62 通电，输出端 Y0 通电。停止触摸"正转点动"按钮 M30，M62 断电，Y0 断电。触摸"反转点动"按钮 M40，输出端 Y1 通电。停止触摸"反转点动"按钮M40，Y1 断电。

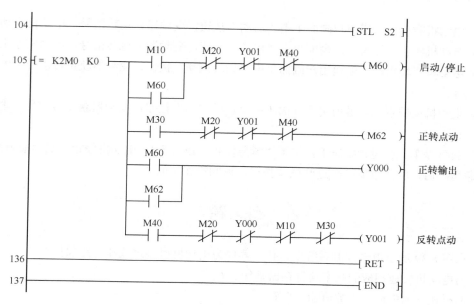

图 8.55　PLC 状态 S2 程序

五、变频器参数修改

变频器型号为 FR-E540，参数修改操作步骤如下。

（1）恢复变频器出厂设定值。有关出厂设定值如下：

参数【1 = 120】，上限频率为 120Hz；

参数【2 = 0】，下限频率为 0Hz；

参数【3 = 50】，基准频率为 50Hz；

参数【7 = 5】，启动加速时间为 5s；

参数【8 = 5】，停止减速时间为 5s；

参数【38 = 50】，5V（10V）输入时频率为 50Hz；

参数【73 = 0】，选择 5V 的输入电压；

参数【78 = 0】，正转、反转均可；

参数【79 = 0】，外部操作模式，【EXT】灯亮。

（2）修改不符合控制要求的出厂设定值如下：

修改参数【79 = 1】，选择面板操作模式，【PU】灯亮；

修改参数【1 = 50】，上限频率为 50Hz；

修改参数【73 = 1】，选择 10V 的输入电压；

修改参数【79 = 0】，外部操作模式，【EXT】灯亮。

六、操作步骤

（1）程序运行后，触摸屏显示用户画面 1。触摸画面 1 中速度调整按钮，切换到画面 2。

（2）设置电动机工作频率。触摸用户画面 2 中的频率数值输入对话框，按屏幕小键盘输入频率值（Hz），输入范围 30～50。如果超出 30～50，则禁止输入。设置完毕，触摸返回操作按钮，切换到画面 1。

（3）电动机启动。触摸用户画面 1 中"启动"按钮，变频器获正转信号，电动机启动。

（4）电动机停止。触摸用户画面 1 中"停止"按钮，变频器无运转信号，电动机停止。

（5）电动机正转点动。触摸用户画面 1 中"正转点动"按钮，变频器获正转信号，电动机正转点动运行。

（6）电动机反转点动。触摸用户画面 1 中"反转点动"按钮，变频器获反转信号，电动机反转点动运行。

（7）紧急停车。在运行状态下，按下"紧急停止"按钮 SB，电动机停止。显示故障画面 7，排除紧急情况后，触摸故障画面 返回操作 按钮，返回操作画面 1。

练习题

1．在图 8.39 所示电气控制系统中，什么器件为电动机提供过载和短路保护？

2．与电动机转速相应的频率值寄存器是什么？

3．怎样在画面中插入"数值输入"？

4．为什么保存频率值要使用停电保持专用数据寄存器？

附 录 A
FX₂ₙ 系列 PLC 性能规格表

附表 1 基本规格表

项　　目		规　　格
运算控制方式		反复扫描程序（监视定时器 D8000 初始值 200ms）
输入输出控制方式		批处理方式（在 END 指令执行时成批刷新）
操作处理时间		基本指令：0.08μs/指令；功能指令：1.52～几百 μs/指令
程序语言		梯形图、指令表、流程图（SFC）
程序容量/存储器类型		8K 步 RAM（内置锂电池后备）
最大存储容量		16K 步，可配 EEPROM
指令种类		基本指令 27 条、步进指令 2 条、功能指令 130 个
扩展并用时输入点数		X000～X267　　184 点（八进制编号）
扩展并用时输出点数		Y000～Y267　　184 点（八进制编号）
扩展并用时总点数		256 点
主控		N0～N7　　8 点
指针	JAMP、CALL 分支	P0～P127　　128 点
	输入中断、计时中断	I0□□～I8□□　　9 点
	计数中断	I010～I060　　6 点
常数	十进制 K	16 位：−32768～+32767 32 位：−2147483648～+2147483647
	十六进制 H	16 位：H0～HFFFF　　32 位：H0～HFFFF FFFF

附表 2 输出接口电路规格表

项　　目		继电器输出	晶体管输出	晶闸管输出
负载电源		AC250V 以下 DC30V 以下	DC 5～30V	AC 85～242V
电路绝缘		机械绝缘	光电耦合绝缘	光电耦合绝缘
负载电流		2A/1 点 8A/4 点公用	0.5A/1 点 0.8A/4 点	0.3A/1 点 0.8A/4 点
响应时间	断→通	约 10ms	0.2ms 以下	1ms 以下
	通→断	约 10ms	0.2ms 以下	10ms 以下

附表 3 　　　　　　　　　　　辅助继电器 M 元件编号与功能表

通　用	停电保持用 （可用程序变更）	停电保持专用 （不可变更）	特　殊　用
M0～M499 共 500 点	M500～M1023 共 524 点	M1024～M3071 共 2048 点	M8000～M8255 共 256 点

附表 4 　　　　　　　　　　　定时器 T 分类

定时器名称	编 号 范 围	点　数	计 时 范 围
100ms 定时器	T0～T199	200	0.1～3276.7s
10ms 定时器	T200～T245	46	0.01～327.67s
1ms 累计定时器	T246～T249	4	0.001～32.767s
100ms 累计定时器	T250～T255	6	0.1～3276.7s

附表 5 　　　　　　　　　　　计数器 C 分类

计数器名称		编 号 范 围	点　数	计 数 范 围
16 位增 计数器	普通用	C0～C99	100	0～32767
	掉电保持用	C100～C199	100	0～32767
32 位增减 计数器	普通用	C200～C219	20	−2147483648～2147483647
	掉电保持用	C220～C234	15	−2147483648～2147483647
32 位高速增减 计数器	掉电保持用	C235～C255	21	−2147483648～2147483647

附表 6 　　　　　　　　　　　状态继电器 S 分类

初始状态 继电器	回零状态 继电器	通用状态 继电器	保持状态 继电器	报警状态 继电器
S0～S9 共 10 点	S10～S19 共 10 点	S20～S499 共 480 点	S500～S899 共 400 点	S900～S999 共 100 点

附表 7 　　　　　　　　　　　数据寄存器 D 分类

通　用	停电保持用 （可用程序变更）	停电保持专用 （不可变更）	特　殊　用
D0～D199 共 200 点	D200～D511 共 312 点	D512～D7999 共 7488 点	D8000～D8195 共 106 点

基 本 指 令			
指 令 名 称	助 记 符	功　　能	目 标 元 件
取	LD	运算开始常开接点	XYMSTC
取反	LDI	运算开始常闭接点	XYMSTC
取脉冲	LDP	上升沿检测运算开始	XYMSTC
取脉冲（F）	LDF	下降沿控制运算开始	XYMSTC
与	AND	串行连接常开接点	XYMSTC
与非	ANI	串行连接常闭接点	XYMSTC
与脉冲	ANDP	上升沿检测串行连接	XYMSTC
与脉冲（F）	ANDF	下降沿检测串行连接	XYMSTC
或	OR	并行连接常开接点	XYMSTC
或非	ORI	并行连接常闭接点	XYMSTC
或脉冲	ORP	上升沿检测并行连接	XYMSTC
或脉冲（F）	ORF	下降沿检测并行连接	XYMSTC
电路块与	ANB	块间串行连接	
电路块或	ORB	块间并行连接	
输出	OUT	线圈驱动指令	YMSTC
置位	SET	线圈保持接通指令	YMS
复位	RST	线圈保持断开指令	YMSTCD
脉冲	PLS	上升沿检测线圈连接	YM
脉冲（F）	PLF	下降沿检测线圈连接	YM
主控	MC	公用串行接点指令	N、YM
主控复位	MCR	公用串行接点解除指令	N
进栈	MPS	运算存储	
读栈	MRD	读出存储	
出栈	MPP	读出存储并复出	
反向	INV	运算结果的反向	
空	NOP	空操作	程序清除或空格用
结束	END	程序结束	程序结束，返回0步
步 进 指 令			
符号名称	助记符	功　　能	目标元件
步进接点	STL	步进开始	S
步进返回	RET	返回左母线	

附 录 C

FX₂ₙ 系列 PLC 功能指令表

分类	FNC	助记符	指令操作数格式	功 能	D	P
程序流程	00	CJ	S.	有条件跳转		O
	01	CALL	S.	子程序调用		O
	02	SRET		子程序返回		
	03	IRET		中断返回		
	04	EI		开中断		
	05	DI		关中断		
	06	FEND		主程序结束		
	07	WDT		监视定时器刷新		O
	08	FOR	S.	循环区起点		
	09	NEXT		循环区终点		
传送比较	10	CMP	S1. S2. D.	比较	O	O
	11	ZCP	S1. S2. S. D.	区间比较	O	O
	12	MOV	S. D.	传送	O	O
	13	SMOV	S. m1 m2 D. n	移位传送		O
	14	CML	S. D.	反向传送	O	O
	15	BMOV	S. D. n	块传送		O
	16	FMOV	S. D. n	多点传送	O	O
	17	XCH	D1. D2.	交换	O	O
	18	BCD	S. D.	求 BCD 码	O	O
	19	BIN	S. D.	求 BIN 码	O	O
四则逻辑运算	20	ADD	S1. S2. D.	BIN 加	O	O
	21	SUB	S1. S2. D.	BIN 减	O	O
	22	MUL	S1. S2. D.	BIN 乘	O	O
	23	DIV	S1. S2. D.	BIN 除	O	O
	24	INC	D.	BIN 增 1	O	O
	25	DEC	D.	BIN 减 1	O	O
	26	WAND	S1. S2. D.	逻辑字 "与"	O	O
	27	WOR	S1. S2. D.	逻辑字 "或"	O	O
	28	WXOR	S1. S2. D.	逻辑字 "异或"	O	O
	29	NEG	D.	求补码	O	O

续表

分类	FNC	助记符	指令操作数格式	功　能	D	P
循环移位	30	ROR	D. n	循环右移	O	O
	31	ROL	D. n	循环左移	O	O
	32	RCR	D. n	带进位右移	O	O
	33	RCL	D. n	带进位左移	O	O
	34	SFTR	S. D. n1 n2	位右移		O
	35	SFTL	S. D. n1 n2	位左移		O
	36	WSFR	S. D. n1 n2	字右移		O
	37	WSFL	S. D. n1 n2	字左移		O
	38	SFWR	S. D. n	"先进先出"写入		O
	39	SFRD	S. D. n	"先进先出"读出		O
数据处理	40	ZRST	D1. D2.	区间复位		O
	41	DECO	S. D. n	解码		O
	42	ENCO	S. D. n	编码		O
	43	SUM	S. D.	ON 位总数	O	O
	44	BON	S. D. n	ON 位判别	O	O
	45	MEAN	S. D. n	平均值	O	O
	46	ANS	S. m D.	报警器置位		
	47	ANR		报警器复位		O
	48	SQR	S. D.	BIN 平方根	O	O
	49	FLT	S. D.	浮点数与十进制数间转换	O	O
高速处理	50	REF	D. n	刷新		O
	51	REFE	n	刷新和滤波调整		O
	52	MTR	S. D1. D2. n	矩阵输入		
	53	HSCS	S1. S2. D.	比较置位（高速计数器）	O	
	54	HSCR	S1. S2. D.	比较复位（高速计数器）	O	
	55	HSZ	S1. S2. S. n	区间比较（高速计数器）	O	
	56	SPD	S1. S2. D.	速度检测		
	57	PLSY	S1. S2. D.	脉冲输出	O	
	58	PWM	S1. S2. D.	脉冲幅宽调整		
	59	PLSR	S1. S2. S3. D.	加减速的脉冲输出	O	
便利命令	60	IST	S. D1. D2.	状态初始化		
	61	SER	S1. S2. D. n	数据搜索	O	O
	62	ABSD	S1. S2. D. n	绝对值式凸轮顺控	O	
	63	INCD	S1. S2. D. n	增量式凸轮顺控		
	64	TTMR	D. n	示教定时器		
	65	STMR	S. m D.	特殊定时器		
	66	ALT	D.	交替输出		O
	67	RAMP	S1. S2. D. n	斜坡信号		
	68	ROTC	S. m1 m2 D.	旋转台控制		
	69	SORT	S. m1 m2 D. n	列表数据排列		

续表

分类	FNC	助记符	指令操作数格式	功 能	D	P
外部设备 SER	70	TKY	S. D1. D2.	0～9 键输入	O	
	71	HKY	S. D1. D2. D3.	16 键输入	O	
	72	DSW	S. D1. D2. n	数字开关		
	73	SEGD	S. D.	7 段编码		O
	74	SEGL	S. D. n	带锁存的 7 段显示		
	75	ARWS	S. D1. D2. n	矢量开关		
	76	ASC	S. D.	ASCII 转换		
	77	PR	S. D.	ASCII 代码打印输出		
	78	FROM	m1 m2 D. n	特殊功能模块读出	O	O
	79	TO	m1 m2 S. n	特殊功能模块写入	O	O
	80	RS	S. m D. n	串行数据传送		
	81	PRUN	S. D.	并联运行	O	O
	82	ASCI	S. D. n	HEX→ASCII 转换		O
	83	HEX	S. D. n	ASCII→HEX 转换		O
	84	CCD	S. D. n	校验码		O
	85	VRRD	S. D.	FX-8AV 变量（0～255）读取		O
	86	VRSC	S. D.	FX-8AV 刻度（0～10）读取		O
	87					
	88	PID	S1. S2. S3. D.	PID 运算		
	89					
浮点运算	110	ECMP	S1. S2. D.	二进制浮点数比较	O	O
	111	EZCP	S1. S2. S. D.	二进制浮点数区间比较	O	O
	118	EBCD	S. D.	二进制浮点→十进制浮点交换	O	O
	119	EBIN	S. D.	十进制浮点→二进制浮点交换	O	O
	120	EADD	S1. S2. D.	二进制浮点数加	O	O
	121	ESUB	S1. S2. D.	二进制浮点数减	O	O
	122	EMUL	S1. S2. D.	二进制浮点数乘	O	O
	123	EDIV	S1. S2. D.	二进制浮点数除	O	O
	127	ESQR	S. D.	二进制浮点数开平方	O	O
	129	INT	S. D.	二进制浮点数→BIN 整数转换	O	O
	130	SIN	S. D.	浮点数 SIN 运算	O	O
	131	COS	S. D.	浮点数 COS 运算	O	O
	132	TAN	S. D.	浮点数 TAN 运算	O	O
数据处理 2	147	SWAP	S.	上下字节转换	O	O
时钟运算	160	TCMP	S1. S2. S3. S. D.	时钟数据比较		O
	161	TZCP	S1. S2. S. D.	时钟数据区间比较		O
	162	TADD	S1. S2. D.	时钟数据加		O
	163	TSUB	S1. S2. D.	时钟数据减		O
	166	TRD	D.	时钟数据读出		O
	167	TWR	S.	时钟数据写入		O

续表

分类	FNC	助记符	指令操作数格式	功　能	D	P
格雷码转换	170	GRY	S1.　D.	格雷码转换	O	O
	171	GBIN	S1.　D.	格雷码逆转换	O	O
接点比较	224	LD＝	S1.　S2.	(S1)＝(S2)	O	
	225	LD＞	S1.　S2.	(S1)＞(S2)	O	
	226	LD＜	S1.　S2.	(S1)＜(S2)	O	
	228	LD◇	S1.　S2.	(S1)≠(S2)	O	
	229	LD＜＝	S1.　S2.	(S1)≤(S2)	O	
	230	LD＞＝	S1.　S2.	(S1)≥(S2)	O	
	232	AND＝	S1.　S2.	(S1)＝(S2)	O	
	233	AND＞	S1.　S2.	(S1)＞(S2)	O	
	234	AND＜	S1.　S2.	(S1)＜(S2)	O	
	236	AND◇	S1.　S2.	(S1)≠(S2)	O	
	237	AND＜＝	S1.　S2.	(S1)≤(S2)	O	
	238	AND＞＝	S1.　S2.	(S1)≥(S2)	O	
	240	OR＝	S1.　S2.	(S1)＝(S2)	O	
	241	OR＞	S1.　S2.	(S1)＞(S2)	O	
	242	OR＜	S1.　S2.	(S1)＜(S2)	O	
	244	OR◇	S1.　S2.	(S1)≠(S2)	O	
	245	OR＜＝	S1.　S2.	(S1)≤(S2)	O	
	246	OR＞＝	S1.　S2.	(S1)≥(S2)	O	

注：1．[S.]源操作数。有"."表示能使用变址方式。
2．[D.]目标操作数。有"."表示能使用变址方式。
3．D 项有"O"表示 32 位数据。
4．P 项有"O"表示可以脉冲操作方式。

附 录 D
三菱通用变频器 FR-E500 参数表

参数号	名 称	设 定 范 围	出厂设定
0	转矩提升	0～30%	6%
1	上限频率	0～120Hz	120
2	下限频率	0～120Hz	0
3	基准频率	0～400Hz	50
4	3速设定（高速）	0～400Hz	50
5	3速设定（中速）	0～400Hz	30
6	3速设定（低速）	0～400Hz	10
7	加速时间1	0～3600s/0～360s（0.4K～3.7K）/（5.5K）	5/10
8	减速时间1	0～3600s/0～360s（0.4K～3.7K）/（5.5K）	5/10
9	电子过电流保护	0～500A	额定值
10	停机时直流制动起始频率	0～120Hz	3
11	停机时直流制动动作时间	0～10s	0.5
12	停机时直流制动电压	0～30（%）	6%
13	启动频率	0～60Hz	0.5
14	适用负荷选择	0～3	0
15	点动频率	0～400Hz	5
16	点动加减速时间	0～3600s/0～360s	0.5
18	高速上限频率	120～400Hz	120Hz
19	基准频率电压	0～1000V、8888：电源电压95% 9999：与电源电压相同	9999
20	加减速基准频率	1～400	50Hz
21	加减速时间单位	0，1	0
22	失速防止动作水平	0～200%	150%
23	倍速时失速防止动作水平补正系数	0～200%，9999	9999
24	多段速频率设定（速度4）	0～400Hz、9999：表示不设定	9999
25	多段速频率设定（速度5）	0～400Hz、9999：表示不设定	9999
26	多段速频率设定（速度6）	0～400Hz、9999：表示不设定	9999
27	多段速频率设定（速度7）	0～400Hz、9999：表示不设定	9999
29	加减速曲线	0，1，2	0
30	再生功能选择	0，1	0
31	频率跳变1A	0～400Hz，9999	9999

续表

参数号	名 称	设 定 范 围	出厂设定
32	频率跳变 1B	0～400Hz，9999	9999
33	频率跳变 2A	0～400Hz，9999	9999
34	频率跳变 2B	0～400Hz，9999	9999
35	频率跳变 3A	0～400Hz，9999	9999
36	频率跳变 3B	0～400Hz，9999	9999
37	旋转速度表示	0，0.01～9998	0
38	5V（10V）输入时的频率	1～400Hz	50
39	20mA 时的输入频率	1～400Hz	50
41	频率到达动作范围	0～100%	10%
42	输出频率检测	0～400Hz	6Hz
43	反转时输出频率检测	0～400Hz，9999	9999
44	第二加减速时间	0～3600s/0～360s	5s/10s
45	第二减速时间	0～3600s/0～360s，9999	9999
46	第二转矩提升	0～30%，9999	9999
47	第二 V/F（基准频率）	0～400Hz，9999	9999
48	第二电子过流保护	0～500A，9999	9999
52	操作面板/PU 主显示数据选择	0，23，100	0
55	频率监示基准	0～400 Hz	50Hz
56	电流监示基准	0～500A	额定输出电流
57	再启动惯性运动时间	0～5s，9999	9999
58	再启动上升时间	0～60s	1.0s
59	遥控设定功能选择	0，1，2	0
60	最短加减速模式	0，1，2，11，12	0
61	基准电流	0～500A，9999	9999
62	加速时电流基准值	0～200%，9999	9999
63	减速时电流基准值	0～200%，9999	9999
65	再试选择	0，1，2，3	0
66	失速防止动作降低开始频率	0～400Hz	50Hz
67	报警发生时再试次数	0～10，101～110	0
68	再试等待时间	0.1～360s	1s
69	再试次数显示和消除	0	0
70	特殊再生制动使用率	0～30%	0%
71	适用电动机	0，1，3，5，6，13，15，16，23，100，101，103，105，106，113，115，116，123	0
72	PWM 频率选择	0～15	1
73	0～5V/0～10V 选择	0，1	0
74	输入滤波器时间常数	0～8	1
75	复位选择/PU 脱离检测/PU 停止选择	0～3，14～17	14
77	参数写入禁止选择	0，1，2	0

续表

参数号	名　称	设 定 范 围	出厂设定
78	反转防止选择	0：正转和反转均可 1：不可反转 2：不可正转	0
79	操作模式选择	0：外部操作模式，可用面板键切换 1：面板操作模式 2：外部操作模式 3：外部/面板组合操作模式 1 4：外部/面板组合操作模式 2 6：切换模式，外部/面板切换 7：外部操作模式（面板操作互锁） 8：切换到除外部操作模式以外的模式	0
80	电动机容量	0.2～7.5kW，9999	9999
82	电动机励磁电流	0～500A，9999	9999
83	电动机额定电压	0～1000V	200V/400V
84	电动机额定频率	50～120Hz	50Hz
90	电动机常数	0～50Ω，9999	9999
96	自动调整设定/状态	0，1	0
117	通信站号	0～31	0
118	通信速度	48，96，192	192
119	停止位长	0，1（数据长 8）10，11（数据长 7）	1
120	有无奇偶校验	0，1，2	2
121	通信再试次数	0～10，9999	1
122	通信校验时间间隔	0，0.1～999.8s，9999	9999
123	等待时间设定	0～150，9999	9999
124	有无 CR，LF 选择	0，1，2	1
128	PID 动作选择	0，20，21	0
129	PID 比例常数	0.1～1000%，9999	100%
130	PID 积分时间	0.1～3600s，9999	1s
131	上限	0～100%，9999	9999
132	下限	0～100%，9999	9999
133	PU 操作时的 PID 目标设定值	0～100%	0%
134	PID 微分时间	0.01～10.00s，9999	9999
145	选件（FR-PU04-CH）用参数		
146	厂家设定用参数，请不要设定		
150	输出电流检测水平	0～200%	150%
151	输出电流检测周期	0～10s	0s
152	零电流检测水平	0～200.0%	5.0%
153	零电流检测周期	0.05～1s	0.5s
156	失速防止动作选择	0～31，100	0
158	AM 端子功能选择	0，1，2	0
160	用户参数组读选择	0，1，10，11	0
168	厂家设定用参数，请不要设定		
169			
171	实际运行时间清零	0	0

续表

参数号	名　　称	设　定　范　围			出厂设定	
173	用户第一组参数注册	0～999			0	
174	用户第一组参数删除	0～999，9999			0	
175	用户第二组参数注册	0～999			0	
176	用户第二组参数删除	0～999，9999			0	
180	RL 端子功能选择	0：低速运行指令			0	
181	RM 端子功能选择	1：中速运行指令			1	
182	RH 端子功能选择	2：高速运行指令 4：AU 端，选择模拟电流信号输入时 ON			2	
183	MRS 端子功能选择	6：输出切断端子 8, 16, 18			6	
190	RUN 端子功能选择	变频器运行			0	
191	FU 端子功能选择	输出频率监视			4	
192	A、B、C 端子功能选择	报警输出			99	
232	多段速度设定（8 速）	0～400Hz，9999			9999	
233	多段速度设定（9 速）	0～400Hz，9999			9999	
234	多段速度设定（10 速）	0～400Hz，9999			9999	
235	多段速度设定（11 速）	0～400Hz，9999			9999	
236	多段速度设定（12 速）	0～400Hz，9999			9999	
237	多段速度设定（13 速）	0～400Hz，9999			9999	
238	多段速度设定（14 速）	0～400Hz，9999			9999	
239	多段速度设定（15 速）	0～400Hz，9999			9999	
240	Soft-PWM 设定	0，1			1	
244	冷却风扇动作选择	0，1			0	
245	电动机额定滑差	0～50%，9999			9999	
246	滑差补正响应时间	0.01～10s			0.5s	
247	恒定输出领域滑差补正选择	0，9999			9999	
250	停机方式选择	9999：当启动信号 OFF 时，电动机减速停机； 0～100s：当启动信号 OFF 时，经过设定时间，电动机自由停机； 8888：端子 STF、SFR 的功能变化如下： 　　　STF　　　STR　　　变频器输出 　　　0　　　　0　　　　停止 　　　0　　　　1　　　　停止 　　　1　　　　0　　　　正转 　　　1　　　　1　　　　反转			9999	
251	输出欠相保护选择	0，1			1	
342	E²PROM 写入有无选择	0，1			0	
901	AM 端子校准	—			—	
902	频率设定电压偏置	0～10V	0～60Hz		0V	0Hz
903	频率设定电压增益	0～10V	1～400Hz		5V	50Hz
904	频率设定电流偏置	0～20mA	0～60Hz		4mA	0Hz
905	频率设定电流增益	0～20mA	1～400Hz		20mA	50Hz
990	选件（FR-PU04-CH）参数					
991						